CHINA CON
SHENZHE

RUCTION
ECORATION

中华人民共和国成立70周年建筑装饰行业献礼

中建深装装饰精品

中国建筑装饰协会　组织编写
中建深圳装饰有限公司　编著

中国建筑工业出版社

cSCEc 中建

中华人民共和国成立 70 周年建筑装饰行业献礼

19

CHINA CONSTRUCTION
SHENZHEN DECORATION
砺匠心・悦峥嵘
精匠造・智绽放
塑匠品・达天下
铸匠魂・致未来
5

editorial board

丛书编委会

本书编委会

总指导 刘晓一

总审稿 王本明

编委会主任 陈　鹏

副主任
张军国　何先俊　李道学　张能训　肖　磊
朱华东　程智勇　刘　洋　夏　庆　杨军山
魏西川　吕路鹏　潘文涛　杨雨霏　刘　铖
李凤辉　卢海全　熊汉祥　聂治军

主　编 龚　宁

副主编
程希奇　杨恩东　王　非　郑　春　艾　辉
翟国占　张吉利　李文伟　周　鹍　程小剑
黄映何　黄洪艳　张　镇　王　旭　李永成
康子新　李瑞昶　任庆泰　韩　博　杨　英
葛锦涛　杨友富　刘建华　刘小聪　夏　冰
徐神川　余志良　彭志诚　黄庆祥　丁治雄
徐联涛　蔡　明　张　戬　李元明　鲍　明
张云春　谭仕辉　李火斗　向极萍　王利虹
段启宏　姜海燕　罗敏锋　钟德春　李锦尧
陈卫东　李　奕　颜　涛　程　炜　何祥华
王　波　聂际兴　艾　辉　苏　杭　张天菊
徐进军　张志山　何　燕　王建军　刘慧容
周佳顺

foreword

序一

中国建筑装饰协会名誉会长
马挺贵

伴随着改革开放的步伐，中国建筑装饰行业这一具有政治、经济、文化意义的传统行业焕发了青春，得到了蓬勃发展。建筑装饰行业已成为年产值数万亿元、吸纳劳动力 1600 多万人，并持续实现较高增长速度、在社会经济发展中发挥基础性作用的支柱型行业，成为名副其实的“资源永续、业态常青”的行业。

中国建筑装饰行业的发展，不仅有着坚实的社会思想、经济实力及技术发展的基础，更有行业从业者队伍的奋勇拼搏、敢于创新、精益求精的社会责任担当。建筑装饰行业的发展，不仅彰显了我国经济发展的辉煌，也是中华人民共和国成立 70 周年，尤其是改革开放 40 多年发展的一笔宝贵的财富，值得认真总结、大力弘扬，以便更好地激励行业不断迈向新的高度，为建设富强、美丽的中国再立新功。

本套丛书是由中国建筑装饰协会和中国建筑工业出版社合作，共同组织编撰的一套展现中华人民共和国成立 70 周年来，中国建筑装饰行业取得辉煌成就的专业科技类书籍。本套丛书系统总结了行业内优秀企业的工程施工技艺，这在行业中是第一次，也是行业内一件非常有意义的大事，是行业深入贯彻落实习近平新时代中国特色社会主义理论和创新发展战略，提高服务意识和能力的具体行动。

本套丛书集中展现了中华人民共和国成立 70 周年，尤其是改革开放 40 多年来，中国建筑装饰行业领军大企业的发展历程，具体展现了优秀企业在管理理念升华、技术创新发展与完善方面取得的具体成果。本套丛书的出版是对优秀企业和企业家的褒奖，也是对行业技术创新与发展的有力推动，对建设中国特色社会主义现代化强国有着重要的现实意义。

感谢中国建筑装饰协会秘书处和中国建筑工业出版社以及参编企业相关同志的辛勤劳动，并祝中国建筑装饰行业健康、可持续发展。

序二

中国建筑装饰协会会长
刘晓一

为了庆祝中华人民共和国成立 70 周年，中国建筑装饰协会和中国建筑工业出版社合作，于 2017 年 4 月决定出版一套以行业内优秀企业为主体的、展现我国建筑装饰成果的丛书，并作为协会的一项重要工作任务，派出了专人负责筹划、组织，以推动此项工作顺利进行。在出版社的强力支持下，经过参编企业和协会秘书处一年多的共同努力，该套丛书目前已经开始陆续出版发行了。

建筑装饰行业是一个与国民经济各部门紧密联系、与人民福祉密切相关、高度展现国家发展成就的基础行业，在国民经济与社会发展中发挥着极为重要的作用。中华人民共和国成立 70 周年，尤其是改革开放 40 多年来，我国建筑装饰行业在全体从业者的共同努力下，紧跟国家发展步伐，全面顺应国家发展战略，取得了辉煌成就。本丛书就是一套反映建筑装饰企业发展在管理、科技方面取得具体成果的书籍，不仅是对以往成果的总结，更有推动行业今后发展的战略意义。

党的十八大之后，我国经济发展进入新常态。在创新、协调、绿色、开放、共享的新发展理念指导下，我国经济已经进入供给侧结构性改革的新发展阶段。中国特色社会主义建设进入新时期后，为建筑装饰行业发展提供了新的机遇和空间，企业也面临着新的挑战，必须进行新探索。其中动能转换、模式创新、互联网 +、国际产能合作等建筑装饰企业发展的新思路、新举措，将成为推动企业发展的新动力。

党的十九大提出“人民日益增长的美好生活需要和不平衡不充分的发展之间的矛盾”是当前我国社会主要矛盾，这对建筑装饰行业与企业发展提出新的要求。人民对环境质量要求的不断提升，互联网、物联网等网络信息技术的普及应用，建筑技术、建筑形态、建筑材料的发展，推动工程项目管理转型升级、提质增效、培育和弘扬工匠精神等，都是当前建筑装饰企业极为关心的重大课题。

本套丛书以业内优秀企业建设的具体工程项目为载体，直接或间接地展现对行业、企业、项目管理、技术创新发展等方面的思考心得、行动方案和经验收获，对在决胜全面建成小康社会，实现“两个一百年”奋斗目标中实现建筑装饰行业的健康、可持续发展，具有重要的学习与借鉴意义。

愿行业广大从业者能从本套丛书中汲取营养和能量，使本套丛书成为推动建筑装饰行业发展的助推器和润滑剂。

CHINA CONSTRUCTION SHENZHEN DECORATION

走近中建深圳装饰

作为中国首批获得最高资质的装饰企业，中建深圳装饰有限公司（以下简称“中建深装”）始终把握时代脉搏，从成立于改革开放的窗口深圳到20世纪90年代励精图治抢占“三大经济圈”，从21世纪初拓展沿海西进北上到2015年重回创业地，从转型升级到“一带一路”搭船出海，中建深装承接了千余项具有社会影响力的工程，始终屹立潮头，走在业界前沿。如今，中建深装已发展壮大为总资产超过20亿元、年签约额过60亿元的国有装饰企业综合实力第一品牌，长期雄踞中国国有装饰企业综合实力第一名，被誉为“中国建筑装饰行业的先锋”。

砺匠心 · 悦峥嵘 >>>

改革开放初期，中建深装用现代思维和前瞻眼光直面行业空白，在完成“深圳速度”的创造者——深圳国贸装饰工程施工后，确立了“三大”——抢占大市场、做好大品牌、构建大文化的宏观发展战略，创业者们用激情和智慧走上了一条探索之路，奠定了中国建筑装饰业发展的开端。

中建深装成立之初，勇于挑战，敢于与境外装饰队伍竞争，用技术比武的方式赢得了上海太平洋大饭店的室内外装饰施工任务，一举创造了我国装饰行业的两项“第一”：第一个国内装饰企业自行施工的五星级酒店，国内第一项自行设计施工的干挂石材幕墙工程。同时，公司也成为建筑装饰行业最早获得“鲁班奖（国优）”的三家企业之一。在国民经济新一轮增长的时代背景下，企业合理调整产业结构，快速对接各类市场，打造出“以中部为依托，东部为支撑，长三角、珠三角、京津唐三大经济圈为突破点，西部中心城市为补充”的市场格局，企业规模迅速扩张。

中国“申奥”成功后，中建深装敏锐地洞察到巨大的发展机遇，2007年毅然将总部从深圳搬迁至北京，开启了一个划时代的新局面。2009年，以中国建筑整体改制上市为契机，中建深装确立了“发展最快、结构最优、目标最强、后劲最足”的发展定位。2010年，中建装饰集团正式成立，中建深装又从战略高度提出了“做集团标杆、创行业典范”的远景目标，更加注重可持续发展。自营和“大项目、大业主、大市场”的核心经营思路引领企业持续走强，经过对市场重新布局，形成了北京、天津、上海、广州、深圳、厦门、武汉、天津、成都、重庆和新疆等核心区域，锁定一线城市的高端和重点工程，注重大客户资源的开发和维护。

中建深装将以中央电视台新台址、北京中国尊、上海环球金融中心、上海世博会意大利馆、广州西塔四季酒店、广州东塔周大福金融中心、深圳平安金融中心、深圳宝安机场T3航站楼、武汉站等为代表的一系列“高大新尖”项目收入囊中。近年来，中建深装与SOHO中国、中粮集团、深业集团、越秀地产、长隆集团、香港新世界、银泰置业、泰康之家等大客户均实现多次握手，通过一系列组合拳，企业经营策略完成了由“大项目、大业主、大市场”向“高端项目、高端客户、高端市场”的渐变升级。

2015 年，由于“一带一路”倡议的市场需要，中建深装将总部重新迁回深圳，2017 年由中建三局装饰有限公司正式更名为中建深圳装饰有限公司。中建深装持续推进“三高”营销，重点服务于京津冀一体化、粤港澳大湾区、长江经济带、雄安新区，并将经营触角延伸至“一带一路”沿线各国，企业树立了发展史上新的里程碑。雄安市民服务中心、港珠澳大桥、重庆来福士、西安丝路国际会展中心、斯里兰卡滨江度假村、肯尼亚中航国际非洲总部基地等一大批有影响力的工程，有力推进了中建深装打造全国最具竞争力的建筑装饰企业的进程。

机遇与挑战并存，在“一带一路”倡议框架下，中建深装因势利导，提出了“转型升级、二次创业”的战略构想和具体部署，以设计、内装、幕墙、投资和海外“五大业务”为支撑，做优“中建深装”传统品牌，做大“中建照明”专业品牌，做强“中建方圆”投资品牌，实现装饰全产业链的同步升级，打造“投资—设计—采购—施工—运营”一体化的服务。

创新驱动发展，技术成就艺术。中建深装始终坚持以设计为龙头，打造出一支包括幕墙设计、室内设计、专业 BIM、软装设计和照明设计在内的 600 多人的精英设计师团队，坚持“创意、创新、创造”的人文设计理念，实现绿色施工，实践“人工智能”，打造“智慧项目”，通过中国—欧洲中心、上海天山 SOHO、武汉国际博览中心等一批工程的创意设计、深化设计、BIM 技术应用以及 BIM 三维建模实践，具备各类装饰工程的多元设计能力。

2016年，公司成立海外事业部独立运营管理，实施“海外优先”战略，持续完善配套制度体系建设，有序壮大海外专业人才队伍，通过“中建联合战舰”“借船出海”或“抱团出海”等方式主动投身“一带一路”建设，深入培育稳定的国内外客户群，承接了巴哈 · 玛度假酒店、肯尼亚中航国际非洲总部基地、斯里兰卡滨江度假村等项目，逐步打开了从无到有、从小到大的局面。

2017 年，中建系统内唯一的照明服务商——中建照明注册成立，努力打造集灯光咨询顾问、概念方案设计、专项技术研发、灯具选配供应、项目深化设计和项目后期运营维护于一体的综合服务商。斩获了 428m 超高层的东莞国贸中心，打造了最美图书馆最亮“眼睛”——天津滨海图书馆，完成了世界妈祖文化会展中心、福建莆田会展中心、深圳湾广场、北京阳光保险金融中心、成都中央公园道路照明等泛光照明工程，其中敦煌国际会展中心照明工程获得行业最高奖——中照奖，照明设计资质成功升至甲级，照明事业再上台阶。

2018 年 7 月，以中建深装为依托牵头单位的“中国建筑装饰行业既有建筑幕墙检测及维改技术中心”揭牌成立，它将承担起既有建筑幕墙改革创新、技术研发、建设平安中国的重任。通过北京隆福寺、北京 SKP、武汉江城明珠酒店、武汉工行广场等旧改工程的实践，提供检测、维护和更新“一条龙”解决方案，引领和研发旧改市场新领域，不断“用责任赢得信任”，做客户最值得信赖的合伙人。

与此同时，中建深装持续加大软装业务市场拓展，2013年成立了软装经理部，先后与新世界、洲际集团、建发集团、苏宁环球、凯德中国等大客户合作，承接了贵阳新世界酒店、杭州智选假日酒店、上海万怡酒店、无锡苏宁凯悦酒店等知名酒店项目，并拥有统一规范的酒店、会所、别墅、样板房、售楼处、商业空间等软装项目管理流程。

跟随国家政策导向，中建深装紧盯国家投资热点，在基础设施领域不断取得重大突破。近年来承接了以广州白云机场、重庆江北国际机场、哈尔滨太平国际机场等为代表的机场项目；以武汉站、郑州火车站、杭州东站、成都南站等为代表的站房项目；以深圳地铁9号线，天津地铁5、6号线，武汉地铁2号线等为代表的城市轨道交通项目；以青海大学附属医院、复旦大学附属中山医院、泰康燕园护理中心为代表的医院项目；以深圳国际会展中心、西安丝路国际会展中心、敦煌国际会展中心、杭州国际博览中心、青岛市民中心、港珠澳大桥珠海口岸工程等为代表的其他基础设施项目。

塑匠品・达天下 >>>

中建深装把保持高端领域的竞争优势放在重要位置，精心打造国字号建筑装饰品牌，先后导入了ISO14000国际环境体系和OHSAS18000职业健康安全体系，并率先推行卓越绩效管理，企业被评为全国推行卓越绩效模式先进企业，拥有了建筑装修装饰工程专业承包一级、建筑幕墙工程专业承包一级、机电设备安装工程专业承包一级、城市及道路照明工程专业承包一级、建筑装饰设计专项甲级、建筑幕墙专项设计甲级等多项资质，为打造“百年老店”提供了强有力的业绩和品牌支撑。

匠心之作，起于立意，见于内外。中建深装是中国速度的见证者和中国高度的攀登者，从创下3天1层楼彪炳建筑业史册的“深圳速度”到创出8个月完成26万平方米文博会场馆震惊中外的“敦煌奇迹”；从3个月完成6亿元产值的“云端速度”，到高标准规划、高起点定位，75天攻克10万平方米装饰施工，速度与质量完美结合的“雄安第一标”，12座300m以上的超高层建筑，打造出中国城市的最美天际线，无不彰显着央企品质的时代担当。其中，重庆来福士广场空中连廊幕墙项目，其施工难度在国内属罕见，中建深装首创的超高空缆风、水平滑移及超大体量整体吊装等技术，不仅得到了5家国际顾问公司的一致认可，还一次性通过了专家论证，更是成功完成了首个12m×40m、重达45t超大幕墙单元体的首次整体吊装、高空平移就位。

凭借过硬的施工质量，企业3次斩获詹天佑奖，41次捧起鲁班奖，累计荣获全国用户满意工程奖3项、国家优质工程奖30项、全国建筑装饰奖94项、全国优质建筑装饰工程奖8项，获得省部级各类建筑装饰奖近千项。

谁拥有高端科技，谁就占有市场的更大份额，形成核心竞争力才是发展的长远之策。企业在专利、工法、论文撰写等方面不断实现突破，荣获省部级工法 54 项、全国科技创新成果奖 165 项、全国科技示范工程 76 项，申报和获得国家专利 94 项，发表技术总结及论文 500 余篇。其中，5 项技术成果达到国内领先水平，6 项科技成果达到国内先进水平。公司还主编了两项中国建筑装饰协会技术标准。

凭借科学的管理思路、先进的经营理念和扎实的科技创新创效，中建深装各项指标高位增长，企业年度产值从 1986 年的 600 万元增长到 2018 年的逾 40 亿元，增长了近 700 倍，中建深装已成为业界品质品牌的领跑者和代言人。

机遇让一个企业做大，管理让一个企业做强，文化让一个企业做久。“敢为人先精神、硬骨头精神、持续奋斗精神”等在公司员工身上打下了深深的烙印，在企业发展中自然流淌出的这一人文精髓成为中建深装不断超越的强大精神驱动，促使企业实现了文化的繁荣和谐，中建深装获得了全国五一劳动奖状、全国工人先锋号（2 次）、全国优秀文化建设单位等国家级党群荣誉 32 项，省部级党群荣誉 200 余项。

在 33 年的发展过程中，中建深装始终坚持“以人为本”， 一批批对企业忠诚、有担当，又有能力、想干事、能干事的人才和优秀标杆走上舞台。员工人数从 1985 年的 69 人增长到目前的近 2000 人，每年招收 211、985 等应届本科生、硕士生 100 多人，并引进了一大批社会优秀成熟人才，人才结构和学历不断优化。员工人均年收入较企业成立之初增长超过 200 倍，员工幸福指数持续提升。

中建深装以胸怀家国天下的央企使命，厚植中国建筑红色基因和中建装饰集团“品质文化”，形成了以“饰海为家、品诚致远”为主要内容的“家文化”，将“幸福小家、和谐大家、美丽国家”的时代内涵融入企业的文化之中。公司 2011 年创立了“饰界之爱”慈善基金，积极打造“小确幸”公益品牌，先后帮扶公益项目 30 余个，对外捐赠金额超过 350 万元，发布了《公司社会责任报告》，捐建了中国第一所全免费公益职业学校——百年职校、甘肃省贫困村卫生所、云南省山区文明桥、中建深装莲池希望小学等爱心工程，先后选派了 16 名公司优秀青年员工前往支教，为拓展幸福空间贡献自己的力量。

与企业文化相得益彰，品牌建设也成效显著，中建深装进行企业更名、品牌重塑，完成了企业网站、画册、宣传片的更新和发布；成立了新媒体工作室，推出了企业卡通形象。

中建深装将在打造“最具国际竞争力的装饰行业百年老店”的愿景指引下，扬起“再次创业”的风帆，努力成为中国建筑装饰业不断突破的引领者、认真履行社会责任的先行者和富有远见卓识的领军者。

contents

目录

幕墙工程

室内工程

中建深装 装饰精品

幕墙工程

CURTAIN WALL ENGINEERING

新建武汉站

项目地点

武汉市洪山区白马洲村 7 号

工程规模

总建筑面积 1112641m^2，站台雨棚 132594m^2；建筑高度 59.30m，无柱雨棚 33m；工程造价 410000 万元

建设单位

武广客运专线有限公司

开竣工时间

2009 年 3 月—2009 年 12 月

获奖情况

2012 年国际建筑奖、中国百年百项杰出土木工程奖、第十届中国土木工程詹天佑奖、中国建筑协会鲁班奖

社会评价及使用效果

武汉站是亚洲规模最大的高铁站之一，毗邻武汉三环线，是京广高铁的重要车站，全国高铁“米”字形枢纽。主要承担京广高铁旅客列车和沪汉蓉铁路、武九客运专线以及武黄、武冈、汉孝等城际铁路旅客列车的运输任务。是中国有史以来第一个高速铁路站，也是武广高铁全国第一条高速铁路始发站之一

武汉站鸟瞰

武汉站外景

设计特点

简介

建筑层数为地上 3 层——高架层（候车层）、站台层、地面层（出站、换乘层）；在 25m 标高处还设有供旅客休闲、观景的夹层。武汉站 2009 年 12 月 26 日建成启用，是我国第一个上部大型建筑与下部桥梁共同作用的新型结构火车站，实现了高速铁路、地铁、快速铁路、公路的无缝衔接。工程幕墙面积约 68000m^2，包括明框玻璃幕墙、明框防火玻璃幕墙、金属铝板幕墙、可调百叶、防火排烟窗、防火门、干挂清水混凝土挂板、铝合金门窗、玻璃雨篷、“武汉站”站名字体等。幕墙最高点 57.384m。

武汉站的立面造型设计结合了武汉的特色，建筑的外观富有多层寓意。“黄鹤一去不复返，白云千载空悠悠。” 立面水波状的屋顶寓意“千湖之省”的省会——江城武汉。建筑中部突出的大厅屋顶象征着地处华中的湖北武汉“中部崛起”，反映出武汉蒸蒸日上的经济发展趋势。周围环绕的屋檐，其造型取中国传统建筑重檐意象，九片屋檐，同心排列，象征着武汉“九省通衢”的重要地理位置，同时突出了武汉作为我国铁路四大客运中心之一沟通全国、辐射周边的重要交通地位。

设计难点

站房建筑，建筑功能性较强

武汉站属大型站房建筑，与普通民用或办公类建筑不同，需考虑建筑的功能性与特殊性。建筑使用过程中人流密集，需重点考虑幕墙的安全性及功能性，在门、开启窗、幕墙分格、细部节点、幕墙性能参数、幕墙构件的更换维修等方面需做特别设计。

武汉站夜景

候车大厅幕墙

整体建筑体量大，立面造型独特，起伏大，空间变化大

建筑采用超大跨度结构体系和桥建合一的综合结构形式。为满足使用功能和建筑造型要求，工程的设计跨度比较大，为大跨度大空间结构，是国内较新的结构形式。设计充分利用了建筑造型的特点，在结构布置上多次采用了拱的形式。主体结构由5个主拱和40个半拱（次拱）组成，中央大厅主拱最大跨度为116m，最小跨度为80m。

主体结构体系复杂

主体结构包括空间大跨度屋盖钢结构、楼面钢结构、楼板混凝土结构、混凝土框架结构、混凝土桥梁结构、钢桥梁结构等多种结构体系，各种主体结构形式均有交接部位，受力体系多样，结构变形复杂。车站为铁路桥梁与站房结合的建筑，幕墙设计需要综合考虑站房结构与桥梁的相互作用，协同计算，以保证设计的合理与统一。

建筑设计意图与幕墙可实施性的矛盾

在最初的建筑方案中，幕墙支撑系统以自平衡索桁架及薄壁管桁架体系为主。因主体钢结构无法提供自平衡索桁架体系平面内的侧向稳定刚性支撑，同时原建筑设计方案参照的法国规范与国内规范不统一，最终自平衡索桁架方案未予实施。按这个方案设计的自平衡索桁架方案最高处自平衡索桁架达 36m，最大弦高超过 1500mm，自平衡索直径超过 80mm。

幕墙体系复杂多样

幕墙多以弧形曲面为主，最大弧面幕墙半径达 54.46m，最小弧面幕墙半径仅为 2m，多种弧面幕墙交接，幕墙分格较大，幕墙分格不易定位。幕墙支撑体系多样，包括单管立柱体系、前端受力管桁架体系、后端受力管桁架体系等。单幅幕墙最大高度超过 36m，支撑系统采用单管立柱体系，最大立柱截面达到 350mm × 1100mm。

全钢结构幕墙系统

因幕墙板块分格较大，最大分格达 1904mm × 3100mm，单幅幕墙高度较高（最大超过 36m），同时部分幕墙功能定义为防火幕墙，为合理选材，幕墙系统采用全钢结构。将标高 0.00m 处南北向玻璃幕墙及标高 18.80 ~ 25.00m 室内南北向整幅幕墙作为防火墙，此部分玻璃幕墙及顶部铝板幕墙做专项防火设计。

火车轨道下设置幕墙，需解决结构的振动问题

标高 0.00m 处南北向玻璃幕墙设置于高速铁路桥梁与桥梁基础梁之间，高速铁路桥存在高频振动，幕墙需解决与桥梁连接的隔振。武汉站采用了国内首个桥建合一的

36m 幕墙单管立柱

武汉站

建筑结构，屋面为空间桁架体系结构，在设计上采用了大跨度大变形的设计理念。2009 年底，随着幕墙最后一块玻璃安装完成，武汉东湖湖畔充满现代化气息的武汉站已经落成。“千年鹤归”造型凸显湖北特色，寓意充满灵性的千年黄鹤惊叹家乡变化翩然而归。

主要材料选择及处理

材料的选择遵循以下几个原则：满足一般功能要求的选用通用材料，满足特殊要求的选用专用材料，满足建筑美学功能要求的选用新型的高级材料，同时还要满足经济性要求。

玻璃

玻璃类型及性能参数表

玻璃类型	部位说明
8（Low-E 钢化）+12A+8（钢化）mm 中空玻璃	非防火玻璃幕墙范围
8（Low-E 钢化）+12A+8（铯钾钢化）mm 中空玻璃	防火玻璃幕墙范围
12mm 厚原色钢化透明玻璃	门
12mm 厚原色钢化铯钾防火透明玻璃	门
玻璃性能参数	
可见光透射率	⩾ 40%
可见光反射率	⩽ 30%
遮蔽系数	⩽ 0.4
K 值 /（$W/m^2 \cdot k$）	⩽ 1.85

钢材

工程中所有与主体连接的预埋件及其上连接板的钢材，其牌号为 Q345，等级不低于 B 级；所有竖向构件、水平构件、连接板及焊接的钢材，其牌号为 Q235，等级不低于 B 级。承重结构的钢材应保证抗拉强度、伸长率、屈服点、冷弯试验、冲击韧性合格且硫、磷含量符合限值，对焊接结构应保证碳含量符合限值。抗震结构钢材的屈服比不应小于 1.2，应有明显的屈服台阶，伸长率应大于 20%，应有良好的可焊性。

钢结构表面涂层的基本配置

环氧富锌底漆层厚度 80μ，环氧云铁中间漆层厚度 150μ，薄涂型耐火涂料（耐火极限 1.5h），氟碳面漆层厚度 30μ，氟碳罩光漆层厚度 30μ。

分格设计

幕墙水平方向分格依据建筑格网确定，建筑格网基本由 6000×6000 的轴网 4 等分均分构成，于建筑轴线处幕墙二次钢结构设主立柱一根，中间 4 个分格设 3 根次立柱，形成每 4 个分格为一个幕墙单元的效果。因幕墙整体为弧面，幕墙水平分格每两个轴线间均不统一，虽然满足了建筑轴网“天、地、墙”统一的要求，但为深化设计及现场施工带来了一定难度。

幕墙竖向分格由建筑地面标高开始，每 3100mm 一个分格，幕墙二次钢结构在第一个 3100mm 分格处设次横梁一根，在第二个 3100mm 分格处设主横梁一根。武汉站所有的幕墙分格全部以此要求进行，幕墙立面与地面装饰、吊顶对缝实现了非常整齐美观的装饰效果。

幕墙系统

幕墙系统分类

明框玻璃幕墙系统

明框系统的底座部分通过焊接连接到二次结构，底座通过预植 ϕ10×80 螺杆与前端压板连接。压板与螺杆连接处设置隔热垫块，满足保温隔热要求。因本工程玻璃幕墙多为弧面与转角连接，本设计易于调节玻璃板块的安装角度，在满足防火幕墙要求的基础上，便于安装与更换玻璃板块。钢板底座和预置螺杆的焊接采用坡口焊，安装时，钢板底座起定位作用，螺杆应位于两块玻璃接缝的正中间，保证玻璃周边嵌入压板深度不小于 18mm。螺杆采用奥氏体不锈钢，外套橡胶圆套，以免安装就位时玻璃和螺杆有刚性接触。

二次钢结构系统

本工程中幕墙支撑结构采用钢结构，结构设计使用年限为 100 年，结构安全性系数为 1.1。幕墙钢结构共分 4 层区域，分别为标高 0.000 层、标高 10.250 层、标高 18.800 层（室内、外幕墙）和标高 25.000 层（室内、外幕墙）。所有幕墙钢结构竖向支撑形式分为单管支撑—单管柱、单立挺支撑—单立挺和管桁架支撑—组合柱三种。幕墙支撑钢结构按受力形式又可分为两种，第一种承受玻璃自重、支撑构件自重和水平风荷载，第二种只承受支撑构件自重和水平荷载。

选用的设计组合：

1　$1.35\times(1.05\times SD)+0.98\times W$

2　$1.35\times(1.05\times SD)-0.98\times W$

3　$1.35\times(1.05\times SD)+0.98\times T$

4　$1.35\times(1.05\times SD)-0.98\times T$

5　$1.2\times(1.05\times SD)+1.4\times W$

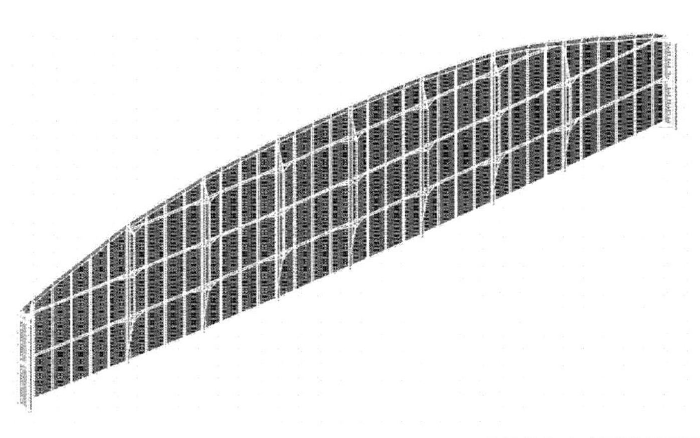

幕墙分格室内局部立面图

6 $1.2\times(1.05\times SD)-1.4\times W$

7 $1.2\times(1.05\times SD)+1.0\times T$

8 $1.2\times(1.05\times SD)-1.0\times T$

9 $1.2\times(1.05\times SD)+1.4\times W+0.7\times T$

10 $1.2\times(1.05\times SD)+1.4\times W-0.7\times T$

11 $1.2\times(1.05\times SD)-1.4\times W+0.7\times T$

12 $1.2\times(1.05\times SD)-1.4\times W-0.7\times T$

13 $1.2\times(1.05\times SD)+1.4\times 0.7\times W+1.0\times T$

14 $1.2\times(1.05\times SD)+1.4\times 0.7\times W-1.0\times T$

15 $1.2\times(1.05\times SD)-1.4\times 0.7\times W+1.0\times T$

16 $1.2\times(1.05\times SD)-1.4\times 0.7\times W-1.0\times T$

17 $1.2\times(1.05\times SD)+1.4\times 0.2\times W+1.3\times E$

18 $1.2\times(1.05\times SD)+1.4\times W+0.5\times 1.3\times E$

部分计算结果:

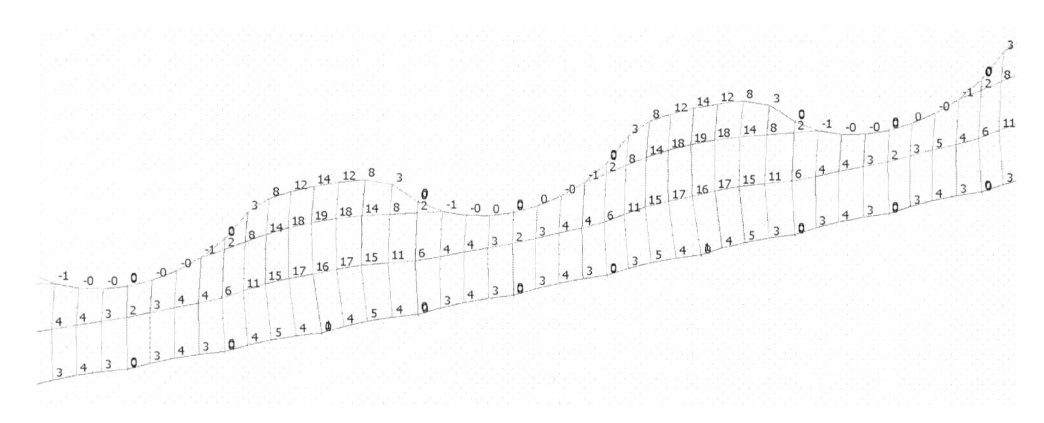

标高 0.00m 南北立面工况二次钢结构位移图

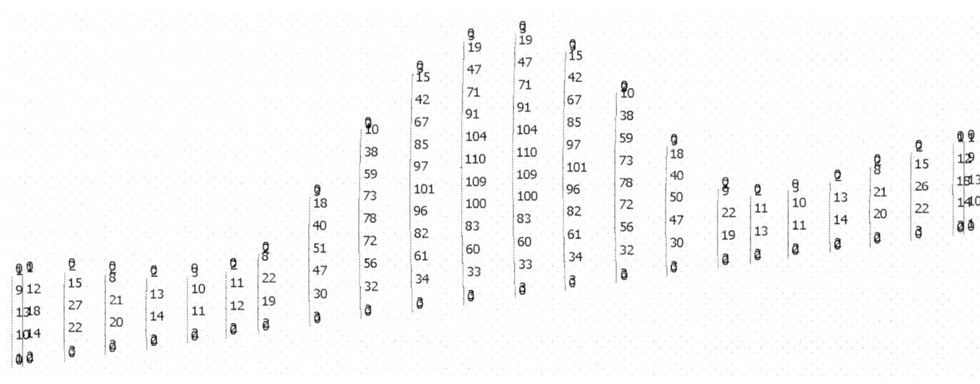

标高 18.80m 东西立面工况二次钢结构位移图

本工程获得“建筑幕墙粘弹性阻尼连接机构”“建筑幕墙定向滑移连接机构”“建筑幕墙双铰摇臂连接机构”三项实用新型专利。

建筑幕墙粘弹性阻尼连接机构

标高 0.000m 位置的玻璃幕墙上部连接于高速铁路桥下部，下部连接于桥梁基础梁上部，高速铁路桥属高频振动桥梁。相关参数如下。36 m轨道梁的频率、加速度、竖向挠度最大值：频率 f = 3.4Hz，加速度：a = 0.35m/s^2，竖向挠度最大值：2.4cm。玻璃幕墙面板为脆性材料，必须解决玻璃幕墙与高速铁路桥的隔振问题。

为解决上述桥梁振动与玻璃幕墙的稳定问题，同时幕墙二次钢结构顶部需满足桥梁上下及左右（桥梁行进方向）的变形，还需承受玻璃幕墙平面外的风压，考虑采用橡胶阻尼器来达到隔振的目的。因橡胶阻尼器仅能承受压力，不能承担拉力，因此，在二次钢结构立柱平行于幕墙方向双侧各设置一个橡胶阻尼器，单个阻尼器需承担 800kg 以上的压力。阻尼器由高强螺杆和焊接箱型面板组合而成。箱型面板在平行幕墙方向开设长腰孔，满足幕墙平面内的位移需要。现高速铁路桥已正式通车运行，幕墙粘弹性阻尼连接机构使用情况良好，幕墙结构未出现明显晃动及变形，起到了很好的隔振及位移协调的作用。

建筑幕墙定向滑移连接机构

在标高 18.80m 东西玻璃幕墙位置，主体结构楼板设有两道温度变形缝，而建筑设计不允许在此位置的玻璃幕墙立面采用变形缝的常规处理方案，如橡胶风琴板或金属铝板等变形缝做法。为此，考虑使用大型钢结构中用到的定向滑移连接机构，将此位置的幕墙变形缝通过定向滑移连接机构转移至幕墙的两侧，确保站房中部玻璃幕墙整体美观。

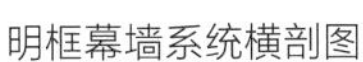

明框幕墙系统横剖图

明框幕墙系统纵剖图

滑移支座位于东西玻璃幕墙两侧，在二次钢结构立柱 8 个跨度内的二次钢结构主立柱柱脚处设置定向滑移机构，长度最大处达 43.8m，相当于将温度变形缝在玻璃幕墙范围内向两侧平移 43.8m。单个定向滑移支座最大承重达 14.4t。

建筑幕墙双铰摇臂连接机构

玻璃幕墙上部与主体钢结构连接，主体钢结构的变形量最大达 70mm，幕墙二次钢结构需满足主体钢结构的变形需要。

利用机械传动原理，在二次钢结构立柱顶部设置双铰摇臂机构，摇臂的一侧通过高强度螺栓连接二次钢结构立柱，另一侧连接主体钢结构下部。经计算机变形模拟比较，当主体钢结构竖向发生最大 70mm 的变形时，幕墙平面外变形最大处不到 5mm，幕墙支撑系统与二次钢结构之间的连接构造完全可以消化此变形。

幕墙施工重难点分析

武汉站采用了国内首个桥建合一的建筑结构，屋面为空间桁架体系结构，在设计上采用了大跨度大变形的设计理念。主体结构体系的复杂性给幕墙施工带来了巨大挑战。

现场构件运输及安装

构件规格多、数量多，焊接工程量大，安装精度要求高。现场可利用空间小，运输道路狭窄，运输时间受限，构件垂直吊装需多方协调。如何在较短的时间内把构件运输到位、顺利安装，尤其是东西主立面 36m 超长超重杆件的拼接及吊装，是本工程施工的最大难点。施工过程中采取的具体对策如下：

明确规定每批材料的进场时间，按照具体时间要求加强与总包的沟通，提高构件进场垂直运输效率，合理规划运输线路、构件堆场，选择合适的运输设备，确保在允许的时间内将构件运输到位。东西立面超长构件根据各自现有条件采取不同的吊装方案。

东立面 36m 超长杆件吊装，因吊装半径达到 24m，高度为 56m，故采用 300t 汽车吊进行分节吊装，高空对接焊接施工，配合手动葫芦及卷扬机进行高空定位。西立面 36m 超长杆件吊装，因吊装半径为 8m，高度为 56m，故超长构件在地面整体拼装，采用 150t 汽车吊进行超长构件的整体吊装，配合手动葫芦及卷扬机进行高空定位。

幕墙粘弹性阻尼器（一）

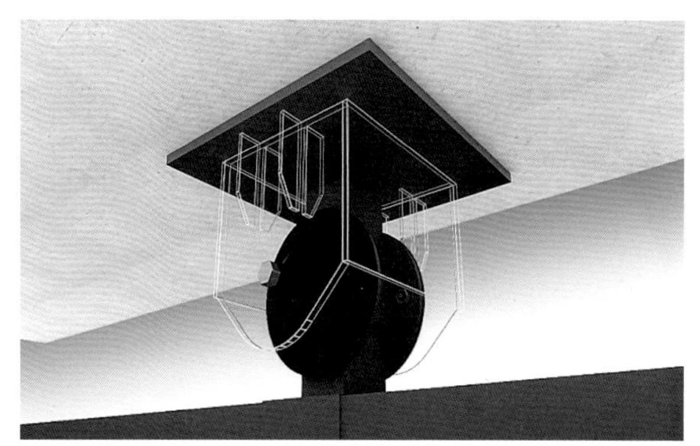

幕墙粘弹性阻尼器（二）

幕墙定向滑移机构（一）

幕墙定向滑移机构（二）

双铰摇臂机构（一）

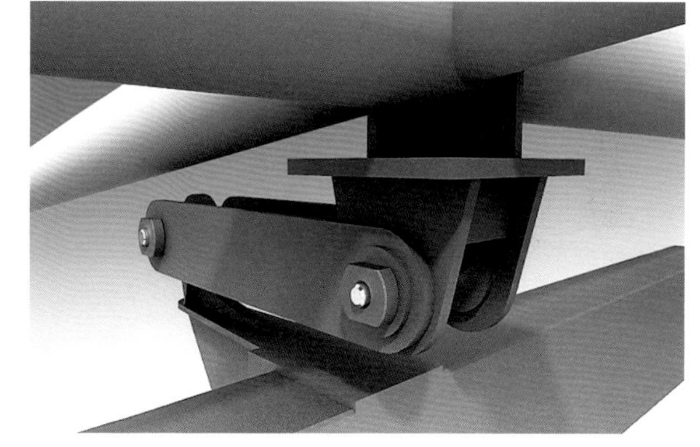

双铰摇臂机构（二）

空间桁架体系的封堵铝板安装

武汉站的屋架形式采用了空间桁架体系，空间造型非常复杂，且当空间桁架施工完毕后在风荷载的作用下，存在较大的风振变形。而该部位的封堵铝板均为异型，且存在圆弧造型被空间桁架体系杆件穿过的情况，给整个工程的铝板施工增加了巨大困难。施工对策如下：

空间桁架体系

结合设计图纸采用全站仪对铝板幕墙、各个关键点进行持续的沉降及振动变形的观测，当空间桁架体系风振变形稳定在一定的数值范围内时，配合设计图纸现场测量记录关键点。根据全站仪所测得的各关键点的数值，下单铝板材料。

钢结构抗振幕墙施工难点与创新点

特点、难点技术分析

由于建筑幕墙为建筑物的围护结构，且玻璃为易碎材料，因此幕墙直接连接于高速列车轨道梁底，在幕墙的全使用期处于频遇高频的振动工况下，对建筑幕墙而言是巨大挑战。武汉站的高速轨道梁的振动幅度达到 A=24mm，振动频率为 f=2.5Hz，幕墙抗振性能是本工程的重点。

解决的方法及措施

采用双层受力系统（内层竖向主受力构件为压弯构件，主要承受水平风荷载以及主构件的自重，外侧幕墙框架体系为拉弯构件），内层主体钢结构形成一个整体的框架，使幕墙在振动过程中基层钢结构整体位移，顶部设置弹粘性阻尼机构或双铰摇臂机构吸收振动能量，外侧龙骨安装在内层钢结构龙骨上，形成另外的龙骨受力体系，并设置单独的伸缩缝，最大限度地减轻主体结构的振动对玻璃幕墙的影响，从而实现幕墙抗振的目的。

施工工艺表述

钢结构抗振幕墙施工工艺

施工工艺流程

放线→安装主立柱的预埋件→安装底部连接耳板→安装方管柱或箱形柱立挺→安装双铰摇臂机构或弹粘性阻尼机构→安装顶部横梁及水平方通→安装幕墙吊杆竖龙骨→安装幕墙水平横龙骨→安装防雷系统→喷涂表面油漆

放　　线　转角幕墙立柱定位一定要准确，必须保证转角位置和各个区域相交的放线准确无误。放线阶段误差控制在 1.0mm 以内，如边部可调节尺寸有大的出入，须及时调整分格。

安装主立柱的预埋件　在放线的基础上确定预埋件位置，在结构上用记号笔画出预埋件的中心点位置，当预埋件摆放中心与坐标点位完全重合且旋转角度满足要求时，对埋件进行满焊。

安装底部连接耳板 钢结构幕墙底部为铰接设计，安装时先安装铰支座连接耳板，安装时通过焊接将连接耳板直接连接在预埋件的指定位置上。同时根据设计要求焊接安装加强肋。

安装方管柱及箱形柱立挺 钢结构箱形柱或方管柱直接安装在底部连接耳板上，上端临时固定在主体结构上。当幕墙高度在 12m 以内时，立柱均采用单根方管柱，作为主受力构件；当幕墙高度大于 12m 时，幕墙采用双层受力体系，即内层主体框架体系采用箱型截面组合柱作为构件自重及风荷载的受力体系，外层采用单根方管构件作为玻璃的支撑体系。当构件自重较小且方通长度较小时，采用安装在主体结构上的卷扬机直接吊装。当构件自重及长度都特别大时，可以考虑采用大吨位吊车分段吊装的方式进行安装，每段箱形截面柱之间焊接连接。在吊车进场吊装前注意需要根据吊车及吊装钢柱的重量对吊车吊装位置进行结构加固。

安装双铰摇臂机构和弹粘性阻尼机构 幕墙上端承受连接主体的竖直方向振动荷载时，幕墙顶部设置双铰摇臂机构与主体连接，消耗因主体结构自身变形所传递的竖直方向的振动荷载影响。立柱杆件与主体结构连接部位采用双铰连接件连接形式，实现在大跨度、大变形工况下建筑幕墙的正常使用。双铰摇臂连接机构可以满足在大跨度、大变形的主体结构上整体采用双铰摇臂机构，保证整体主体结构在频遇低频振动工况下，建筑幕墙整体变形的协调性及安全性。安装时先根据摇臂安装位置在主体结构的连接预埋件上焊接连接摇臂连接耳板。而与立柱相连的耳板在工厂内加工完成并与立柱合为一体。安装时令双铰摇臂机构就位，套入立柱及主体连接的耳板内，同时必须保证立柱的整体垂直性，调整立柱位置后拧紧连接螺栓。安装弹粘性阻尼机构时，对于幕墙上端承受连接主体的竖向及水平向振动荷载的情况，幕墙顶部设置弹粘性阻尼机构与主体连接，抵抗主体结构竖向及水平向振动的影响。支座转接件与立柱套筒连接部位，采用具有黏滞性的橡胶构件连接形式替代传统的刚性连接形式。在频遇高频的振动工况下，采用具有黏滞性的橡胶构件可避免出现幕墙构件自有频率与主体结构振动频率相同的情况，既共振现象。弹粘性阻尼机构可以使振动结构处不需再另外设置其他转接结构消耗振动端传递的振动荷载及变形，或增加幕墙立柱自身刚度来满足幕墙抗振要求，节约了材料消耗成本。首先安装弹粘性阻尼机构的支座转接件，将制作转接件直接焊接在后置底板上，同时根据设计要求设置加强肋。然后将弹粘性阻尼机构的套管构件套入立柱上端，将弹粘性阻尼机构弹粘性橡胶构件安装在支座转接件上，调整好立柱位置后拧紧螺栓固定。在粘弹性阻尼机构与幕墙立柱龙骨之间增加聚四氟乙烯垫片，保证摩擦的润滑性。

安装顶部横梁及水平方通 为保持主体钢结构龙骨框架的整体性，顶部横梁及水平方通与竖向立柱之间采用刚性连接，安装时用安装在顶部主体结构上的卷扬机将横梁方通直接吊起，吊送至安装位置临时固定，调整位置后，直接焊接安装。

安装幕墙吊杆竖龙骨 幕墙吊杆采用钢方通条形构件，该构件是幕墙外层龙骨体系的主要受力构件，吊杆在工厂内加工时根据幕墙分格尺寸及安装连接位置在吊杆上加工连接方形孔，用于与主体钢结构的连接。幕墙吊杆竖龙骨与内层钢结构龙骨通过焊接连接在内层龙骨上，安

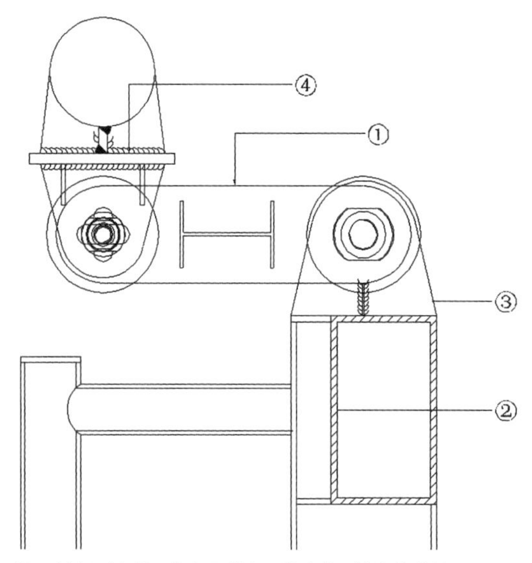

①双铰摇臂机构 ②水平横梁 ③立柱 ④主体结构

幕墙摇臂结构竖剖节点图

装连接件开长条孔进行螺栓连接。条形孔开在连接件上，方通吊杆侧扣在连接件上，从外侧盖住条形孔，从而保证结构的美观和伸缩变形。安装时首先根据幕墙分格及吊杆连接点位置将吊杆连接件焊接连接在基层竖龙骨及水平方通横龙骨上，将方通吊杆用卷扬机吊起至安装位置，扣入连接件，然后将连接螺栓套入连接件的条形孔及钢方通侧面的螺栓连接孔，调整吊杆位置后拧紧螺栓固定。

安装时需注意：芯套下端直接焊接于底部横梁部位，吊杆直接插入芯套中，并在芯套与吊杆之间增加聚四氟乙烯材料，保证幕墙在全使用周期中两个接触面润滑。吊杆与主立柱连接时，必须保证螺栓位于长远孔位的中心位置，这样可以保证主体结构因各种工况引起的位移变形可以被该结构所抵消。

安装幕墙水平横龙骨

幕墙水平横龙骨采用钢方通。安装时首先在竖龙骨上弹出水平横龙骨安装位置线，根据安装位置线固定横龙骨连接件，横龙骨连接件通过螺栓固定在竖龙骨两侧，在工厂内加工时将横龙骨两端内侧铣掉，运送至现场后用卷扬机吊送至安装位置，从侧面扣在连接件上，套入连接螺栓，调整好水平横龙骨后拧紧螺栓固定。

安装防雷系统

根据规范及设计要求，在普通幕墙系统中连通上下龙骨，安装均压环，连通均压环和建筑防雷引向线，形成闭合回路。但钢结构幕墙系统由于自身钢构件竖直方向与主体结构连接，水平方向均为焊接形式，所以系统自身就是最好的防雷系统，只需要在顶部和底部与主体结构连接处加强连接即可。

喷涂表面油漆

考虑到钢结构构件在搬运途中油漆面层容易破坏，故龙骨表面氟碳喷涂在现场施工。氟碳喷涂施工时，首先将基层钢结构龙骨清理干净，然后用腻子找平，最后喷涂面层氟碳漆。

光伏幕墙施工工艺

施工工艺流程

方案设计→部件加工、购置→预埋件安装→光电施工准备、测量放线→光电器材安装→玻璃光伏幕墙施工→线缆安装→设备就位→系统运行

方案设计 光伏幕墙工程设计应遵循技术先进、科学合理、安全可靠、经济实用的基本要求，其设计原则是使系统在一定的周期内保持技术领先性，保证系统具有较长的生命周期。选用有大规模实际工程应用经验的产品，并保证其稳定性、可靠性和可维修（护）性。在符合系统各项技术指标的前提下，努力降低工程、设备成本，提高系统的性价比。因此必须与建筑工程有机结合，把太阳能电池组件和屋面或墙面相结合，形成建筑物的组成部分并增加建筑整体美感。

预埋件安装 由于光伏幕墙附着固定于建筑物上，因此土建结构施工时按照图纸设计，做好系统安装部件的预埋、预留，没有预留或位置不正确的要增加后置埋件，后置埋件用锚栓固定，并经设计计算锚栓大小，做好现场拉拔实验。根据建筑物的屋面、墙面尺寸，设计太阳光伏幕墙的尺寸及部件组合，按照组装图做好部件的加工与购置配套工作。

光电施工准备、测量放线 根据工程特点，准备好脚手架或电动吊篮设备，按照设计图纸测量放线、标注部件安装位置。

光电器材安装 主要是太阳光电系统中的转换件、连接件安装。

玻璃光伏幕墙施工 首先安装固定龙骨框架与结构体上的预埋件，连接牢固后，安装太阳能光伏组件，安装过程中连接光伏组件的线缆。质量检查无误后，给缝隙打胶，并及时将玻璃幕墙清理干净。

线缆连接 将各处连接件、光电转换件用线缆连接，并与变压器、开关、使用设备等一起形成完整供电线路系统。

设备就位 将电池方阵、直流接线箱逆变器、交流配电箱、转换器、电脑等设备分别安装于配电室、监控等位置。

系统运行 安装调试完成后运行整个系统。

武汉硚口金三角

项目地点

湖北省武汉市硚口区硚口路与京汉大道交汇处

工程规模

建筑面积约 64 万 m^2

建设单位

武汉越秀地产开发有限公司

开竣工时间

2013 年 8 月—2016 年 8 月

获奖情况

2016 年度湖北省建筑优质工程奖（楚天杯）

社会评价及使用效果

6 号楼为 330m 甲级写字楼，以国际化的标准引领武汉商务环境新标准，已成为武汉汉江沿线新标杆。硚口金三角项目还规划有多栋 130m 以上的超高层精品住宅以及酒店式公寓、国际化品牌商业街等，是集高端生态居住、国际化商务办公、顶尖购物中心于一体的大型城市综合体

武汉硚口金三角全景

设计特点

本工程将建成集高端生态居住、国际化商务办公、顶尖购物中心于一体的大型城市综合体。在保证效果、功能的基础上，充分考虑工程特点，合理选用结构体系及材料，做到美观、安全、节能、环保、经济实用、安全可靠。充分考虑结构安装施工的可行性、便捷性、经济性，为施工做好准备。6 号楼单元式幕墙位于塔楼五层至屋顶部分，标高 21 ~ 330m，是整个项目的核心及精华所在。幕墙立面全采用超白钢化玻璃，配合横向装饰格栅、竖向的装饰线条及大分格的飞翼板块，以彰显整个建筑的现代美感。

幕墙系统

单元式幕墙各系统分布概况

如单元式幕墙系统平面分布图所示，项目平面形同盾牌，这也是设计的独特之处。单元式幕墙主要包含以下几个系统。

系统一：竖明横隐单元式幕墙系统。该系统主要位于塔楼北面，竖向分格为装饰盖，横向为隐框构造。该系统是该项目标准的单元系统，也是其他几个系统的基础。

系统二：带悬挑飞翼的单元式幕墙系统。该系统主要位于塔楼东西面，紧邻月湖桥及汉江，为悬挑飞翼板块系统。本工程飞翼板块设计与施工均打破了传统的常规做法，采用飞翼板块与相邻板块整体组装，以实现飞翼板块的外立面效果，也是工程的一大亮点。

系统三：带横向格栅的单元式幕墙系统。该系统主要位于南面，横向格栅位于建筑标高分格以下 850mm 处，有别于普通格栅，其悬挑宽度尺寸并不统一，而是通过尺寸的变化来体现整个建筑的线条韵律感。

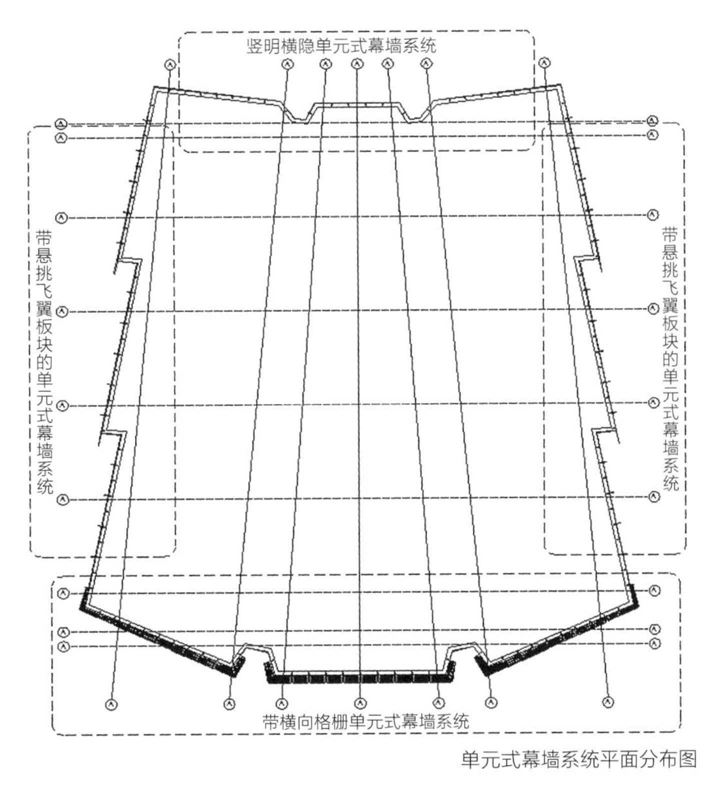

单元式幕墙系统平面分布图

实际效果图

单元幕墙系统设计

主要材料

玻璃：本工程标准层层高为4500mm，水平标准分格为1564mm，因此单元板块规格为1564mm×4500mm。大面处玻璃配置为10mm超白双银Low-E（部分彩釉）+12A+8mm厚中空钢化玻璃，飞翼处为10mm超白彩釉双银Low-E+12A+8mm厚中空钢化玻璃。一个板块即为一整块玻璃，用超白玻璃旨在降低钢化玻璃的自爆率亦同时提高玻璃的通透感。型材：选用国产优质铝合金，型材表面室内粉末喷涂，室外氟碳处理。背板：1.5mm镀锌钢板表面粉末喷涂处理。结构胶及耐候胶：选用国产优质中性硅酮结构胶/耐候胶。密封垫及密封胶条：选用优质EPDM胶条即三元乙丙胶条，抗老化性好，不同使用区域通过控制邵氏硬度来满足使用要求。

标准系统构造设计

单元板块在加工车间组装完成，面板通过密封黏结材料拼装在组装好的支撑框架上。运至现场后，通过连接挂件依次吊运安装在主体结构上，单元板块之间上下、左右均通过公母横梁、立柱插接咬合，共同受力、共同密封。工程对室内立柱造型有特殊要求，公母立柱插接完成后要形成一个等腰梯形。工程单元式幕墙标准节点如单元式幕墙标准横剖节点图、单元式幕墙标准竖剖节点图所示。

单元式幕墙分段施工

单元式幕墙施工中，由于板块型材横向、纵向之间存在插接的关系，因此单元板块均需要按照先后顺序从下至上逐层安装。考虑到吊装设备的运行效率，单元板块安装效率也存在一定的局限性。为了提高单元板块的安装效率，满足业主方对工期的特殊要求，研究出了单元式幕墙分段施工技术。单元式幕墙分段施工，是利用超高层建筑中分布的设备层，采用改变单元式幕墙型材的方式，改变板块之间公母型材对插的连接形式，从而实现单元式幕墙分段施工的目的。

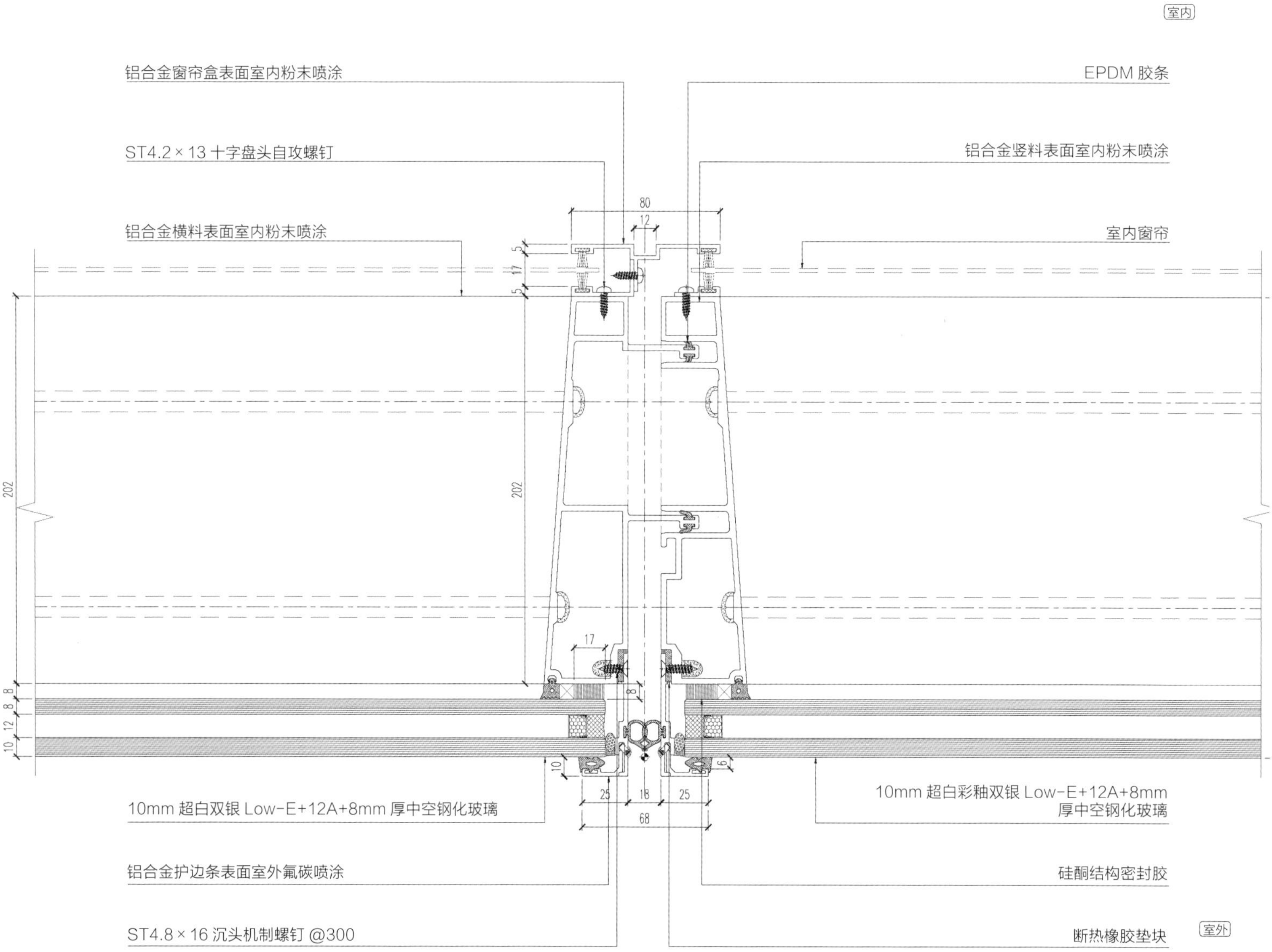

单元式幕墙标准横剖节点图

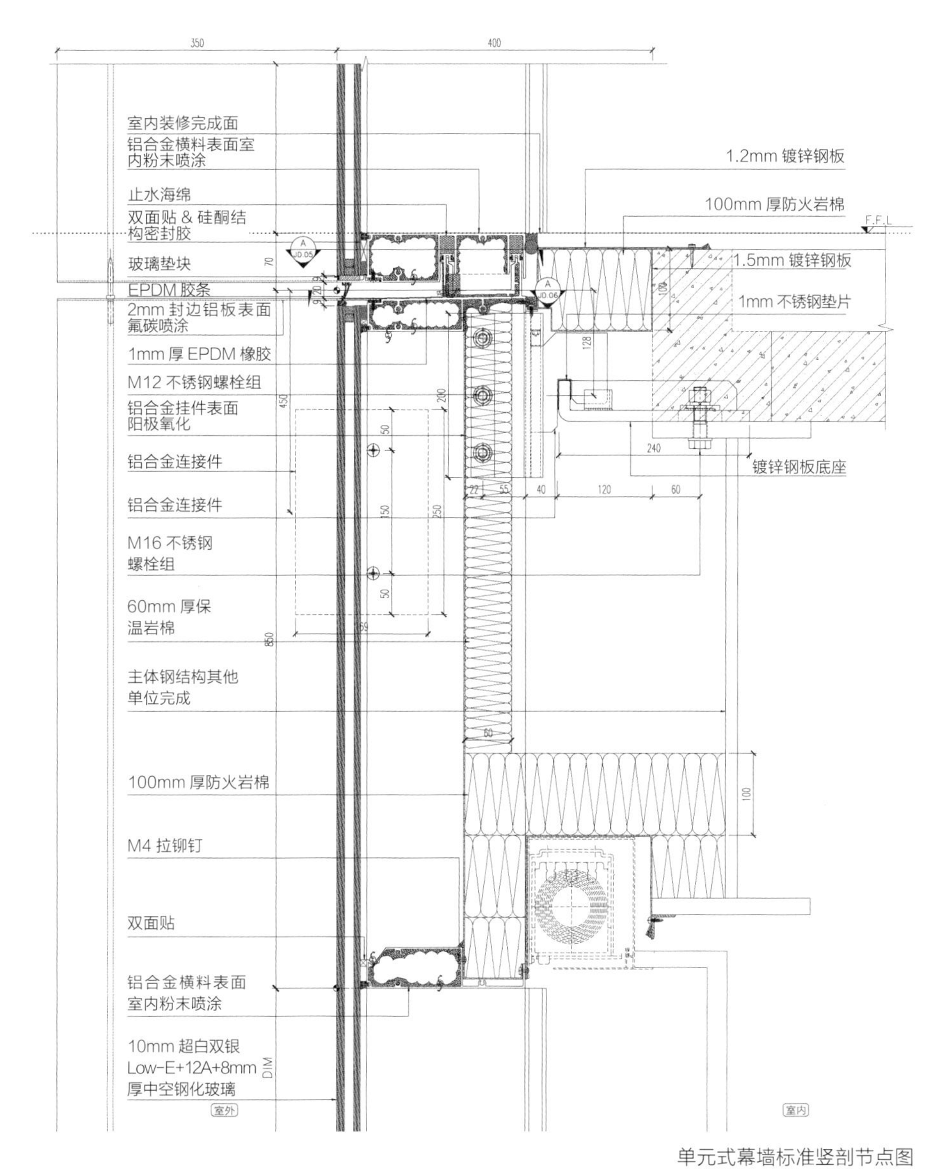

单元式幕墙标准竖剖节点图

单元式幕墙分段施工工艺

施工工艺流程

硬质隔离防护搭设→吊篮搭设→测量放线→起底水槽料安装→支座安装→分段单元板块吊装→收口部位单元板块安装→连接部位打胶

现 场 措 施 单元板块分段施工，存在垂直方向上的交叉施工，因此在设备层的下一层搭设硬质隔离防护，隔离防护距离结构边缘不小于 4m，以不小于 5mm 厚度钢板满铺为宜。隔离防护最后拆除。设备层单元板块转接件安装于结构竖向侧边，因此在结构边缘搭设吊篮，用于转接件的安装，受高度限制，吊篮搭设均选用

2.5m 规格，转接件安装完成后拆除吊篮。单元板块吊装采用单轨吊，单轨吊分别在硬质隔离的下一层（34 层、51 层、68 层）搭设。

单元板块安装 单元板块现场安装采用轨道吊进行吊装，除分段位置外，吊装操作均与普通单元式幕墙一致，这里主要介绍分段位置单元板块吊装。分段位置单元板块，下部以及上部取消单元板块插接形式，采用螺栓以及挂件进行固定。首先，利用轨道吊将分段单元板块吊装至待安装部位。其次，采用底部预就位以及事先调节挂耳上下等方式，将单元板块临时固定在待安装位置，并解除单元板块吊装。再次，通过采用垫木方并锤击的方式对插单元板块竖向型材，同时对挂件做精确定位处理，待板块缝隙以及标高满足要求后，用螺栓固定分段单元板块下部。

注　　胶 分段板块安装固定完成后，在接缝两侧先贴好保护胶带，然后用规定的溶剂按工艺要求对胶缝部位做净化处理，净化后及时按注胶工艺要求注胶，注胶后用专用的刮胶板刮掉多余的胶，并做适当修整，拆掉保护胶带及清理胶缝四周，胶缝与基材黏结应牢固无孔隙，胶缝应平整光滑、表面清洁无污染。

系统防水设计

水密性是建筑幕墙必须检测的重要性能之一，也是单元式幕墙的设计难点。而对于单元式幕墙来说，如何防止室外渗水只是一个方面，如何将进入单元体的水有组织地排出则是另外一个重要方面。

尘密线：是系统设计的第一道密封线，用来阻止灰尘和室外大量的雨水进入型材腔体内。如防水设计图所示，此道密封由相邻的公母型材的 EPDM 胶条相互搭接实现，设计过程中需要控制胶条的邵氏硬度及搭接量。

水密线：是防水设计的一道重要密封线，仅允许少量水进入单元幕墙的等压腔，通过构造设计使进入等压腔的水被有组织地排出，没有继续进入室内的能力，以达到阻水的目的。同时，将立柱水密线前置，

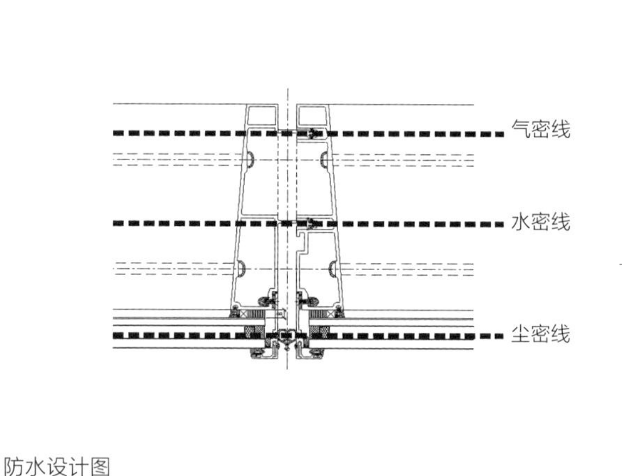

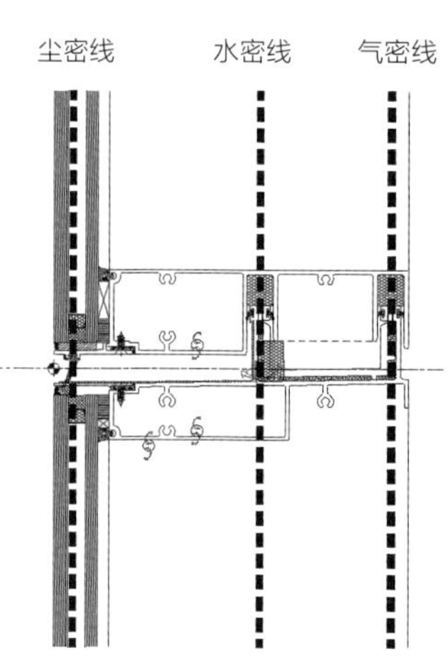

防水设计图

安装时既避免了与横向插接发生冲突，又保证了竖向插接的完整性。本系统水密线均采用两道胶条进行密封。

气密线：是实现幕墙气密性的一道重要防线。由于水密线和气密线之间的等压腔和室外基本相通，因此水密线不能阻止空气渗透，阻止空气渗透的任务由最后一道防线——气密线来完成。本系统气密线也采用两道胶条进行密封。

防水设计原理：在玻璃幕墙表面，运用雨幕原理进行防水，设计上使等压腔的压力等于或接近室外压力，即水密线两侧的风压基本相等，消除或减轻了风压的作用，使水不通过或很少通过尘密线和水密线进入等压腔。在气密线两侧，缝隙不可避免，要达到不渗漏的目的，则要使水淋不到气密线，消除渗漏三要素中水的因素，由于通过尘密线和水密线的水很少或没有，加上合理地组织排水，就没有水淋到气密线，气密线缝隙周围没有水，就不会发生渗漏，从而使单元式幕墙对插部位具有良好的防水能力。

系统排水设计

进入系统的水有两种：一种是前面说的少量通过水密线进入等压腔的水，另一种是背板上产生的冷凝水。如何有组织地将这部分水排出室外，见单元系统排水示意图。

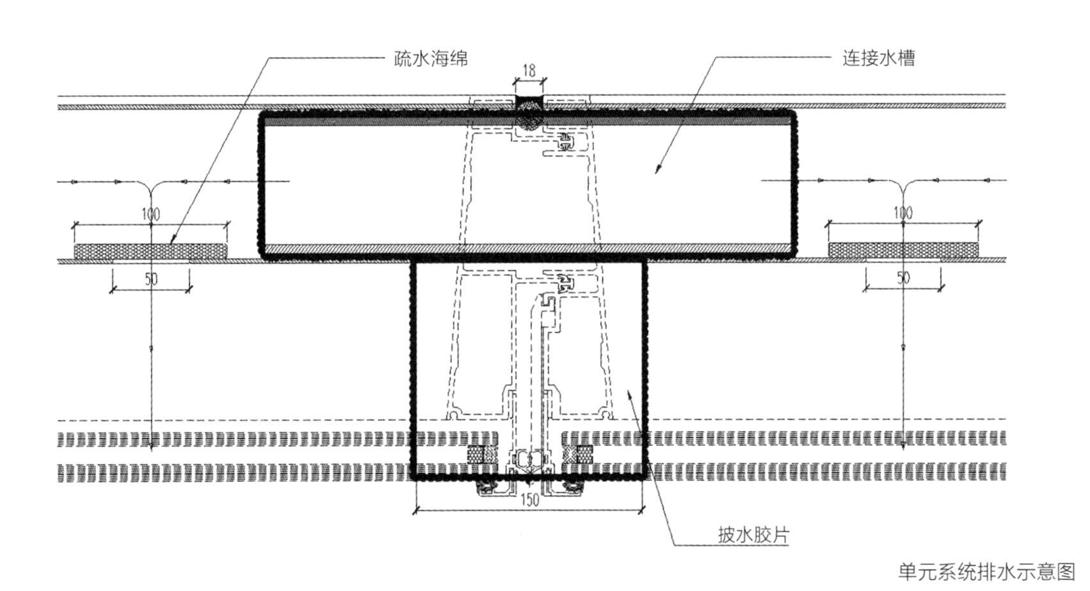

单元系统排水示意图

由上述原理可知，这部分水已经不具备进入室内的能力，因此水会在重力作用下沿着立柱侧壁流至下一个单元板块的水槽内，然后通过排水孔及横梁自身的倒坡设计有组织地排出室外。因此，相邻板块拼接十字缝的连接水槽除了是对插位置传力的构件，也是防水的关键所在。

挂件系统设计

挂接系统设计是单元式幕墙设计的又一大难点。工程主体结构为钢结构体系，整个幕墙悬挂在主体H型钢梁上。如挂件连接横部节点图所示，单元板块采取横滑式安装方式，单元挂座选用钢构件开长孔来调节板块进出位。因单元立柱为梯形构造，与挂座之间并非90°，因此挂件选用铝型材开模成两个构件，这样既能变换角度，又能使两个构件通过螺栓咬合来实现板块上下调节。同时挂件与挂座之间咬合时通过不锈钢片来防腐，可以自由左右移动。本系统通过上述方式实现单元板块安装时的三维调节。

带悬挑飞翼的单元式幕墙

整个东（西）面被分为三个单元，每个单元由11个分格加上一个悬挑的飞翼分格组成，其中每个单元又自成一体：间隔两个分格设置悬挑350mm的竖向装饰条，每个装饰条颜色都不重复，且装饰条一侧玻璃设置竖向彩釉条，一方面满足立面效果，另一方面实现遮阳功能。而悬挑的飞翼板块玻璃配置为双超白钢化玻璃，实现通透效果。

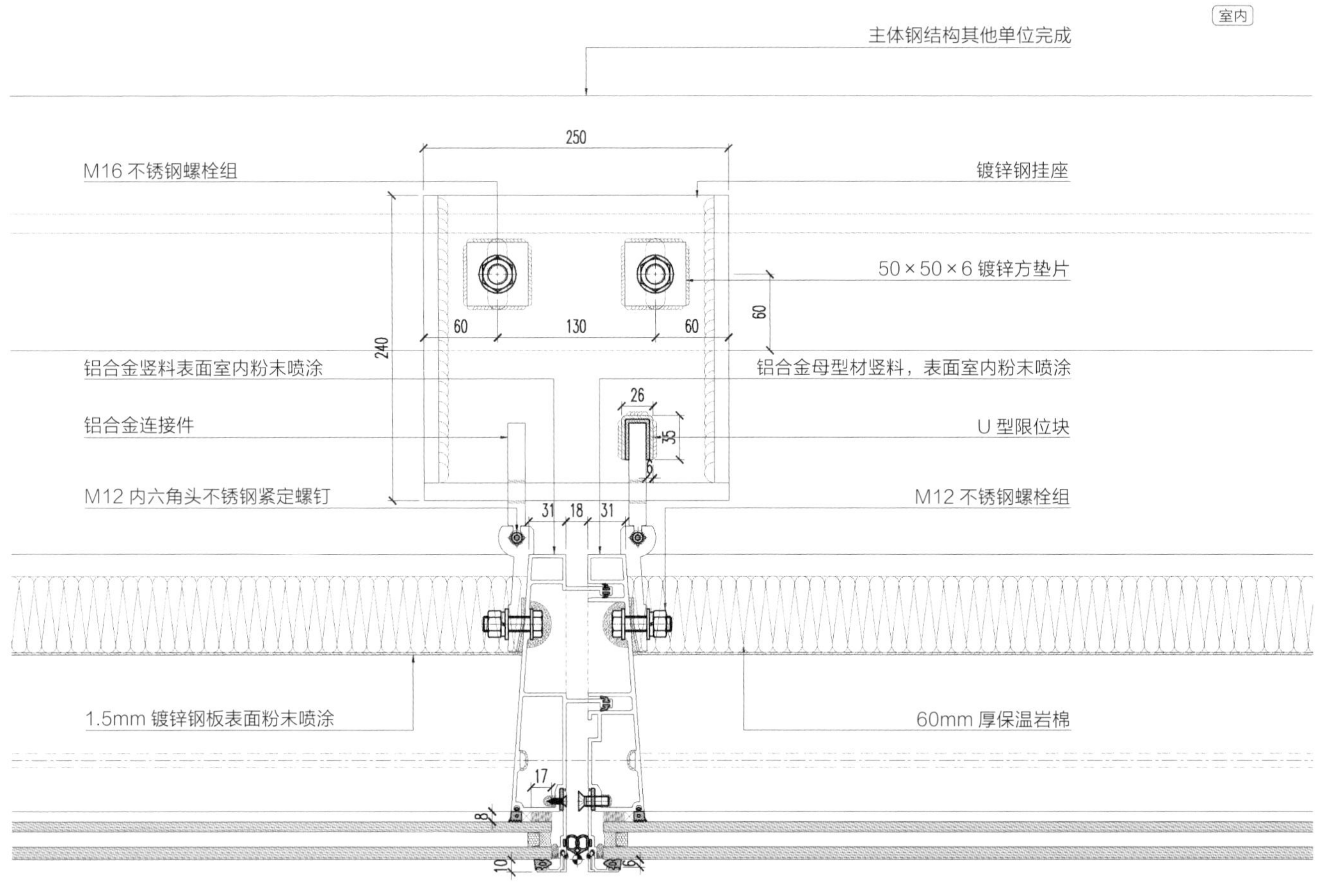

挂件连接横剖节点图

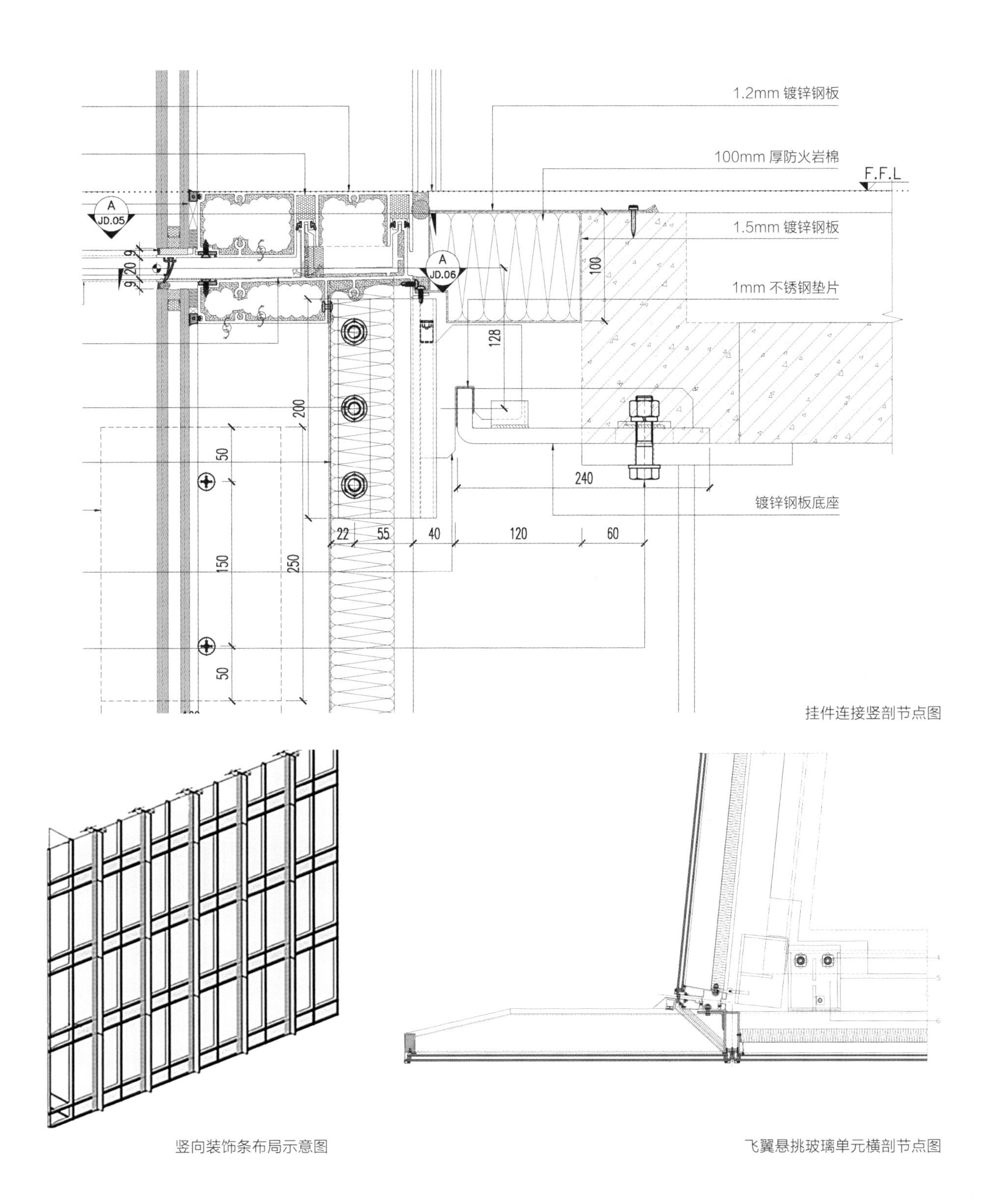

挂件连接竖剖节点图

竖向装饰条布局示意图

飞翼悬挑玻璃单元横剖节点图

超高异形单元式幕墙飞翼单元板块施工

该类工程普遍存在局部位置突出幕墙大面的飞翼系统，且此位置一般无主体结构，普通的单元式幕墙系统为实现这些独特的飞翼造型，一方面，在结构设计时需增设大量悬挑连接件，加大横竖框型材截面尺寸，造成单元板块加工工艺复杂，系统的安全性和实用性难以兼顾；另一方面，飞翼板块挂装过程中，安装精度无法得到有效控制，同样加大了施工难度，必然影响最终的安装质量和外观效果。

工程通过将无承重结构位置的板块（即铝合金框架）与相邻两个无承重结构位置的板块之间的建筑物主体承重单元板连接，形成一个整体的飞翼单元，并通过在铝合金框中增加型钢的方式进行加固，铝合金框和型钢预先在加工厂制作完成后运达现场，只需通过横框上的转接件和钢挂件，将单元板块挂接于建筑物主体上并固定即可，使其悬挑在外部的飞翼部分通过自身连接结构形成满足受力要求的承重系统，在形成飞翼造型的同时，承重结构简单合理、连接稳定，且方便拆装。

该系统设计需要解决两个问题，一是竖向装饰条的设计，二是飞翼板块的设计。

竖向装饰条连接设计

由竖向装饰条连接节点图可知，装饰条悬挑长度有 350mm，且装饰条顶点标高达 362.2m，对此处的连接设计要求较高。因此，该处间距 900mm 设置 7mm 厚铝

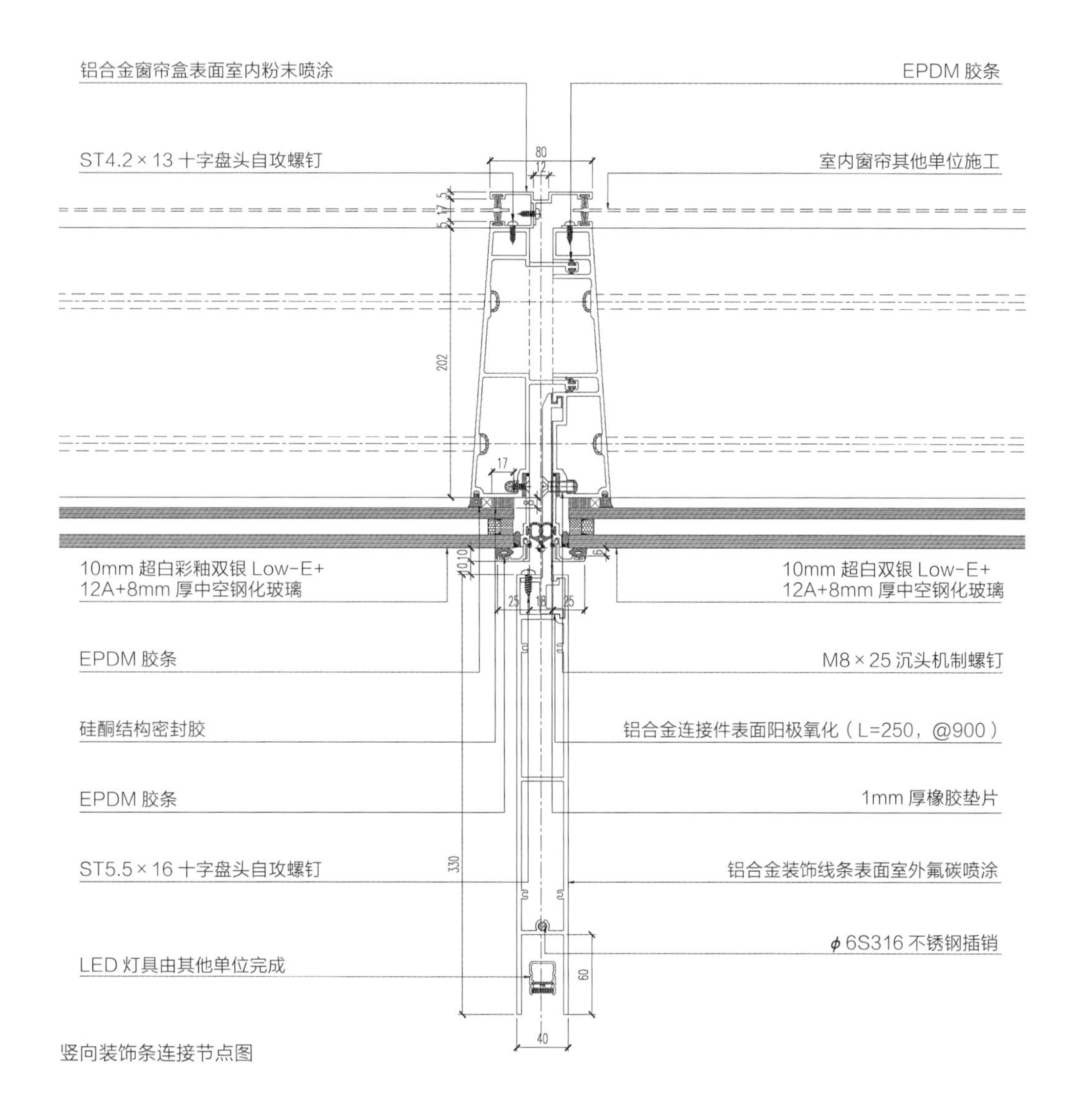

竖向装饰条连接节点图

竖向装饰条连接实景

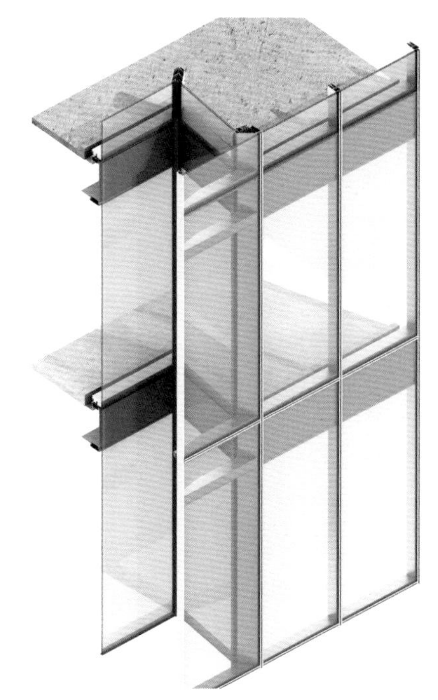

飞翼板块局部效果图

合金连接件，材质选用 6061-T6 来提高强度，通过 M8 机制钉加以固定，同时连接件与装饰条还有立柱型材之间均设置插接构造来抵抗侧向风压。

飞翼板块设计

工程主楼东西面悬挑飞翼分格宽约 1.56m，高 4.5m。整个飞翼板块为单块玻璃，层间梁上下设有假横梁。面玻璃采用 10Low-E+12A+10mm 超白钢化中空玻璃。因为整个板块为悬挑构造，后面没有任何支撑结构，通过结构受力分析，需要与相邻板块合并成一个板块吊装。通过分析此处的构造得知，该分格相邻的板块有两个，一个与之在同一水平线上形成“一”字形，一个与之形成 96° 夹角类似“L”形。通过分析受力结构同时为了运输安装的便利，最终选择了“一”字形板块合并。因对支撑结构截面尺寸都有要求，仅通过铝型材无论从外观上还是受力上均无法满足要求。因此，采用了铝合金型材外包钢框架的做法，组合钢框架来实现结构受力，而铝型材通过喷涂来保证外观效果，各取所长。选用的主要材料为 140mm × 200mm × 10mm 镀锌钢方通、40m × 75mm 镀锌钢板、30mm 厚镀锌钢板、165m × 55m × 8mm 焊接镀锌钢方通。在施工过程中由于镀锌管为非标准件，常采用焊接。为保证飞翼的外观和安装精度，焊接的钢方管为特制而成。因钢材、铝材两种材料之间存在电化腐蚀，因此组装过程中均需设置防腐垫片，同时严格控制材料加工精度，确保拼装后的效果。

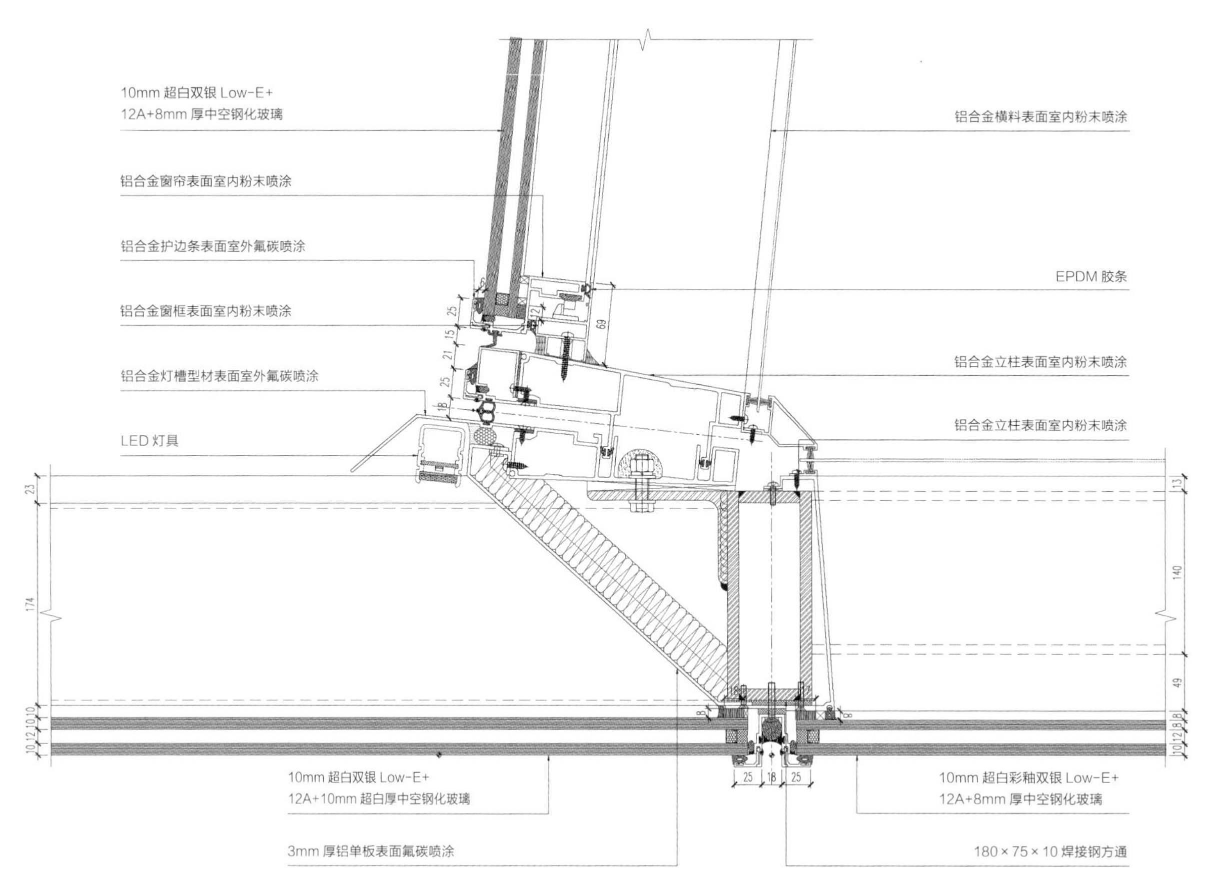

飞翼板块横剖节点图

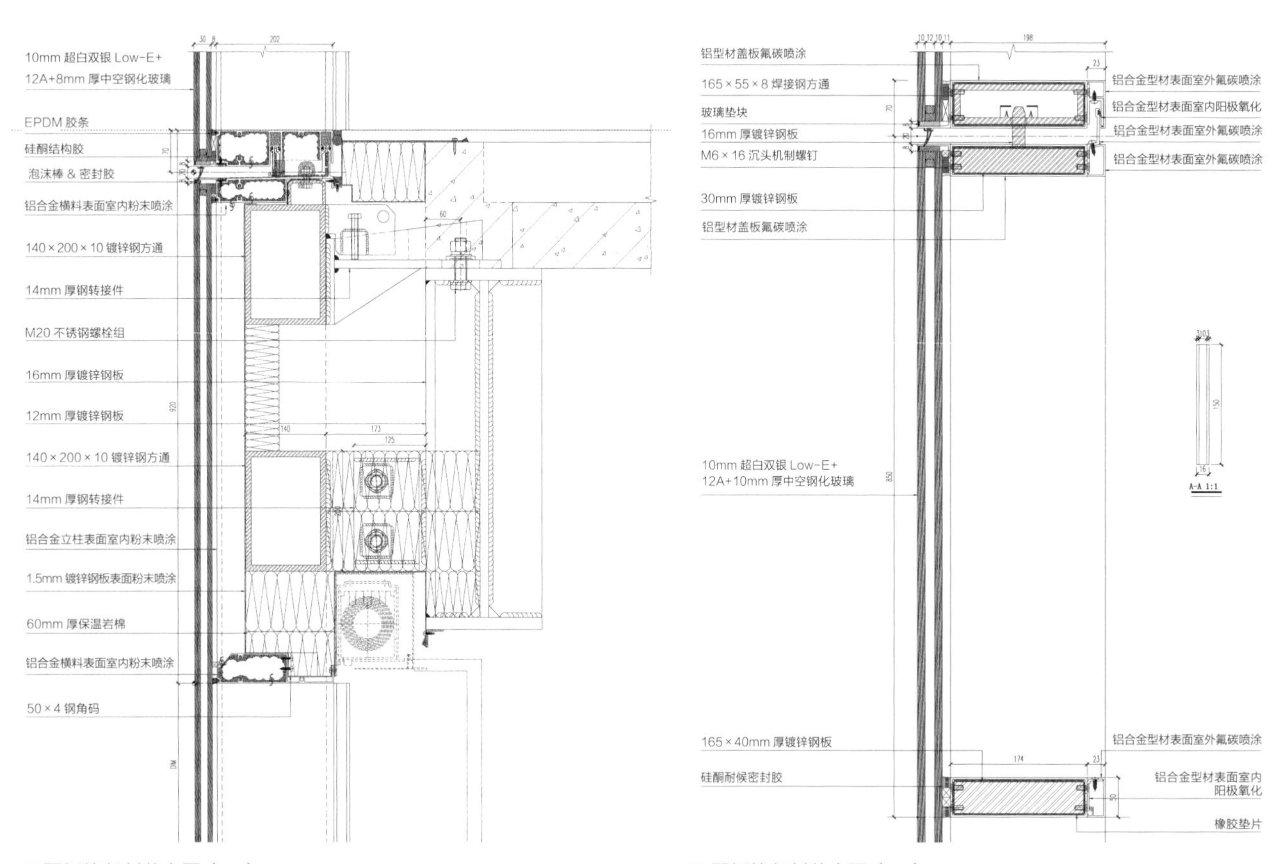

飞翼板块竖剖节点图（一）

飞翼板块竖剖节点图（二）

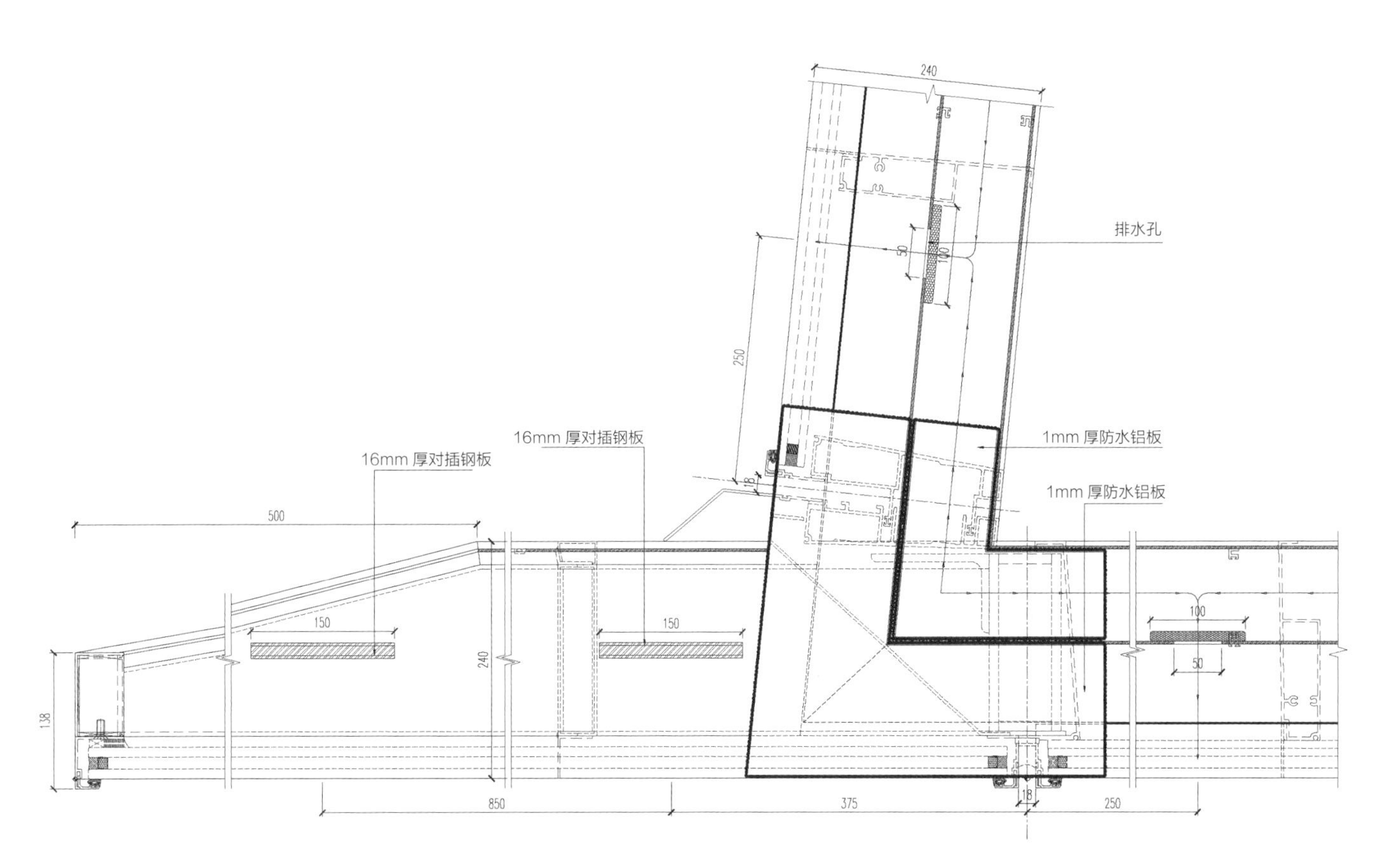

飞翼板块排水走向示意图

飞翼板块样板安装实景

带横向格栅的单元式幕墙

南面幕墙被凹槽造型分为 3 个小单元，格栅外边缘至玻璃面尺寸逐渐变化。格栅需随单元板块一起吊装，因此格栅分格与单元板块分格一致，且安装前需固定于板块龙骨上。因此须从板块竖向分缝中悬挑出不锈钢件固定格栅。

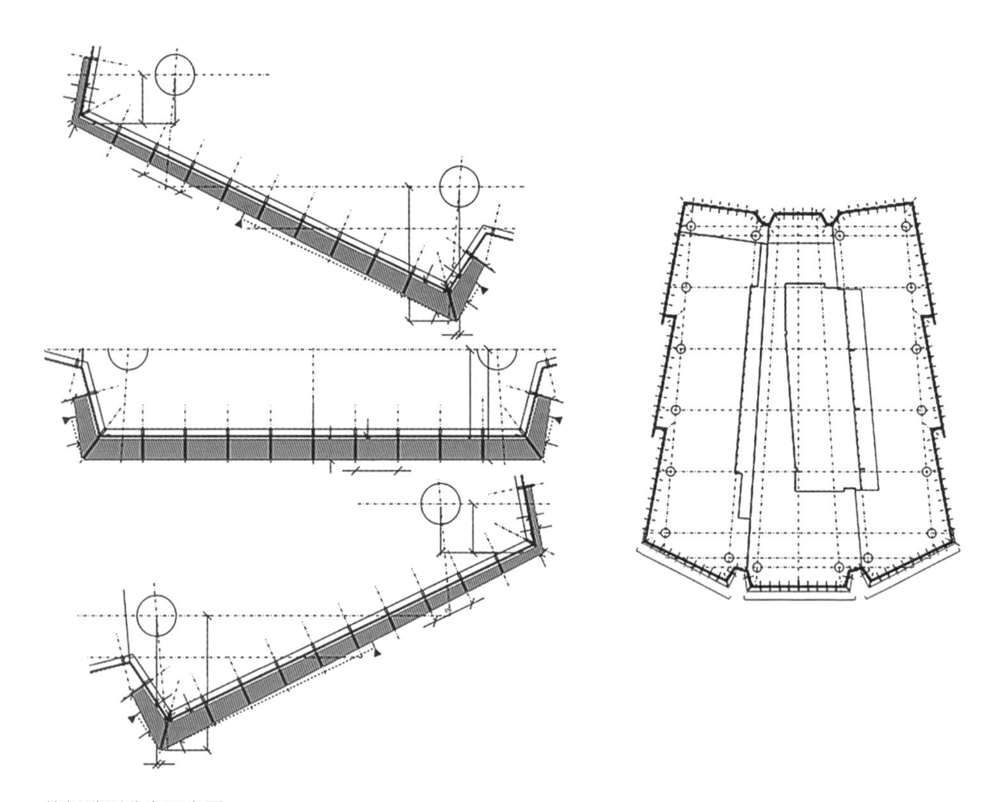

格栅造型分布示意图

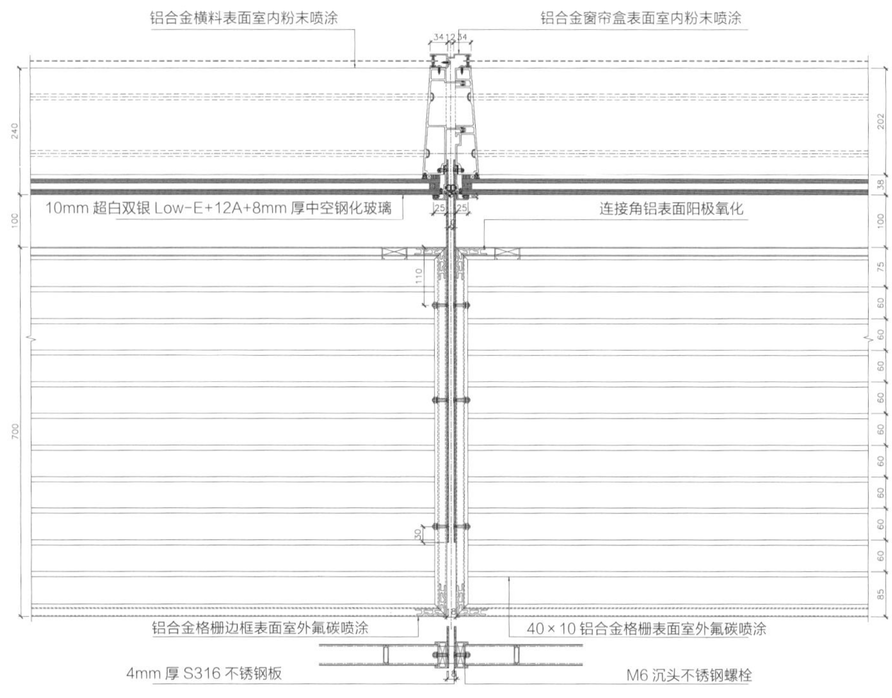

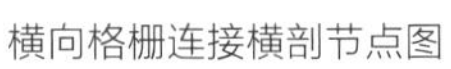

横向格栅连接横剖节点图

横向格栅连接实景

如何保证异形格栅的组装效果也是一大难题，格栅边框若为直角，加工时可直接用组角机进行组角；若为其他角度则无法正常组角，且因格栅与边框连接并非垂直，无法正常连接；若用角码连接则必然钉头外露，外饰面效果将大打折扣，因此选择对特殊角度边框之间、边框与格栅之间先行焊接后，再打磨喷涂，来实现外饰效果。

泛光照明灯具安装

传统灯具安装存在的问题

因建筑装饰幕墙与建筑混凝土结构表面间距狭小，灯具出现故障后维修代价不可预计。采用传统的灯具支架制作、安装方式受安装位置的操作空间、灯具尺寸、后期灯具自然损坏维修等情况所限制。特别是在建筑装饰幕墙龙骨内侧与建筑混凝土结构表面之间间距为 50mm 的密闭空间内，灯具安装后若出现自然损坏、电缆损坏等情况，专业电气维修操作人员无法进入此空间内拆除、更换灯具并检查维护电缆。

目前施工人员所用的设备、机具如砂轮切割机、角磨机、电焊机、手枪形电钻、台钻等，均属于施工人员自备的不规范机具、设备，遇到特殊情况不方便操作，特别是遇到大型超高层项目多面、异形表面、操作空间狭小、密闭空间等结构复杂的工程。由于建筑装饰幕墙的基层龙骨分主龙骨、次龙骨，龙骨施工偏差以毫米为单位，施工人员要对施工现场安装部位的每个支架进行定位、测量、编号统计，特别是在大型项目面积广、超高面、异形表面等结构复杂的工程中，施工人员需要往返多次，定位、测量、修改、制作传统灯具支架，造成传统灯具支架加工制作效率更加低下，难以高效、批量生产。采用传统方式加工制作的灯具支架耗费大量的人力、物力。传统灯具支架制作装置加工规格型号繁多，核实现场时判断稍有偏差，都会造成灯具支架制作装置二次修改或重新制作。同时造成灯具支架制作装置的安装精准度比较难以控制，且在施工过程中频繁移动机具、设备容易造成对操作人员的伤害。

采用传统灯具支架安装时，打孔间距、精度难以保证。由于不同操作人员每次施力均有差异，操作时间越长，打孔的位置精准度越难以保证，若打孔位置出现钢筋、埋板等特殊情况，会经常出现换位打孔安装的现象，对灯具支架进行二次修改，很可能会造成灯具支架报废需重新制作，施工周期被迫延长，严重影响效率和成本。

基于以上原因，施工方研究出了一种万能灯具支架、幕墙的照明系统及其施工方法，解决了灯具支架在建筑装饰幕墙内安装维修复杂、安装质量难以保证、效率低、成本高的技术问题，并解决灯具安装维修人力物力投入大、施工安全系数低的问题。

泛光照明施工工艺

万能灯具支架、幕墙的照明系统及其施工工艺流程为：技术交底→定制加工铝型材导轨→定制加工转轴芯及灯具支架→将铝型材导轨固定于幕墙龙骨→将 LED 点光源固定于灯具支架→将安装好 LED 点光源的转轴芯依次插入铝型材导轨中→将转轴芯与插销之间通过内螺钉固定→将转轴芯旋转 90° 使灯具向外发光→系统调试及试运行。

施工要点

武汉硚口金三角项目 A、B 地块外立面泛光照明工程、商业购物中心外立面夜景效果是通过在非透明的彩釉玻璃上开矩阵式排列的圆形孔，供 LED 点光源的灯光通过实现的，灯具必须加强技术措施才可达到预期效果，此 LED 点光源安装方式成为工程重难点之一。

根据项目现场的实际情况，研究出了一种适用于幕墙万能灯具支架照明系统的施工工法，有效地解决了该项目点光源安装的难题，而且便于安装和维修，具体安装方案如下：

将特制的铝型材导轨固定于幕墙横龙骨上，将安装好 LED 点光源的转轴芯及灯具支架沿滑槽插入铝型材导轨中，将灯具支架对准凹槽后旋转 90° 使灯具向玻璃幕墙外发光；到后期维护时，可将转轴芯旋转 90° 后从下方抽出（下方需业主协调室内装修顶棚龙骨安装位置不能挡道）即可对灯具进行维护。

具体安装步骤

测量 LED 点光源距离，定位凹槽——定制加工铝型材导轨；定制加工转轴芯及灯具支架；将铝型材导轨固定于幕墙横龙骨；将 LED 点光源固定于灯具支架上；将安装好 LED 点光源的转轴芯依次插入铝型材导轨中（中间有插销相连）；将转轴芯与插销之间通过内螺钉固定；将转轴芯旋转 90° ，使灯具向外发光。

此方案既满足了幕墙与结构受力要求，同时有施工安装方便、稳固、便于后期操作维修等优点，获得了发明专利。

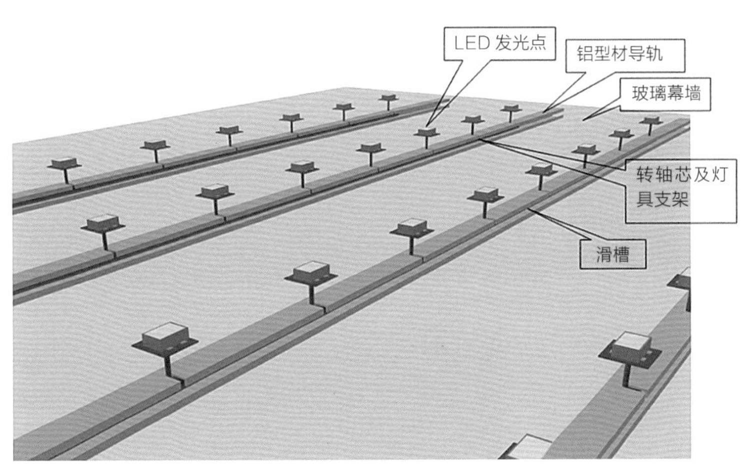

LED 点光源安装方案示意图

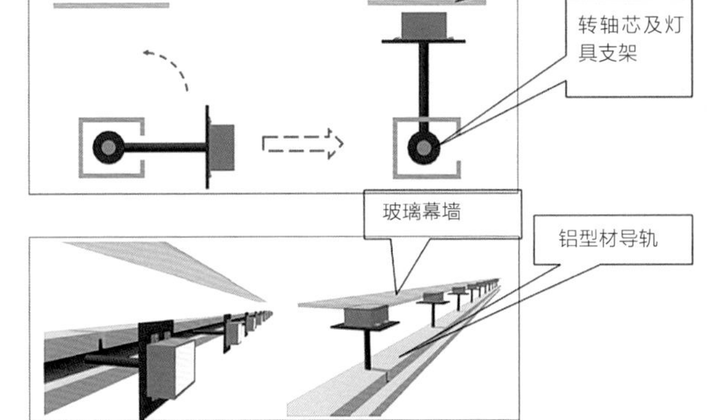

旋转 90° 即可使灯具向外发光或抽出维护

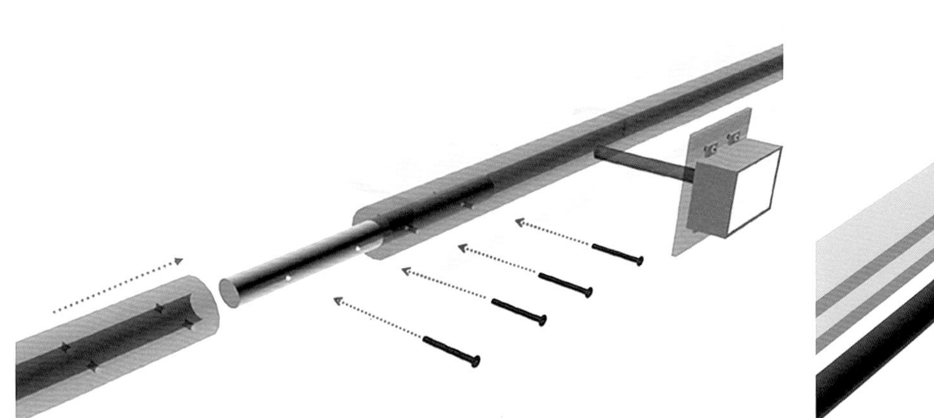

上下相接的两根转轴之间以插销及螺钉固定（一）

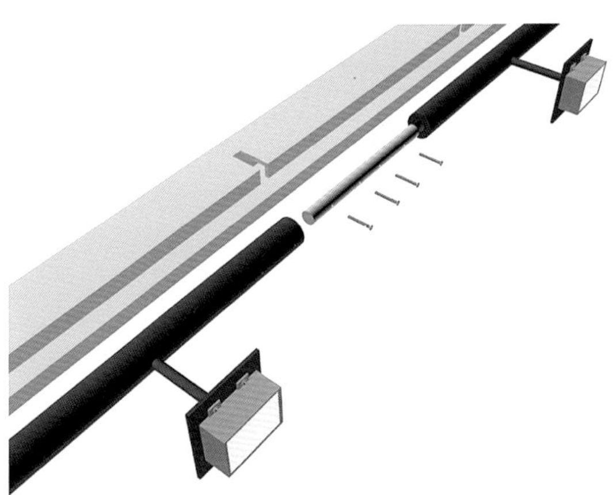

上下相接的两根转轴之间以插销及螺钉固定（二）

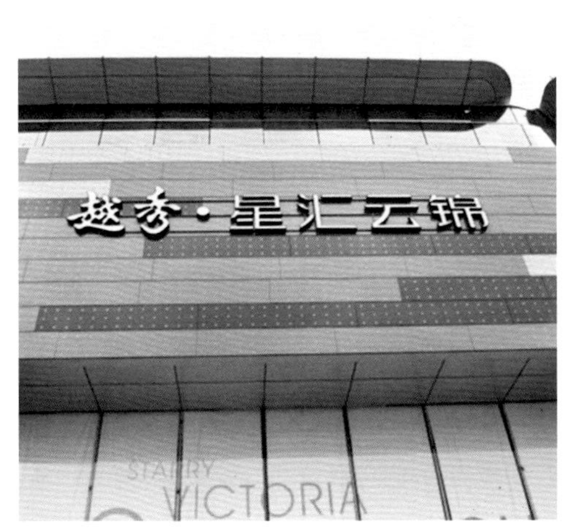

LED 点光源安装效果图

敦煌丝绸之路国际会展中心

项目地点

甘肃省敦煌市主城区东南向，基地北侧为 315 省道

工程规模

幕墙面积总计约 150000m^2

建设单位

敦煌文化产业示范园区管理委员会

开竣工时间

2015 年 12 月—2016 年 8 月

获奖情况

2009 年全国建筑装饰行业科技创新成果奖、第二届武汉市空间环境艺术设计大赛优秀奖

社会评价及使用效果

创造了“一个第一，一个之最”。这是第一个由建筑装饰企业完成的建筑设计项目，也是当代最大的汉唐风格建筑单体（幕墙），是首届丝绸之路（敦煌）国际文化博览会主会场，获得社会一致好评，是甘肃省乃至西北地区可承载人数最多、规模最大、功能最全的会展中心，也是敦煌市标志性建筑之一，是敦煌市推动文化与旅游深度融合发展的代表项目

国际展馆夜景

设计特点

敦煌丝绸之路国际会展中心工程由A、B、C三个场馆组成，按功用区分，A馆（2号）为会议中心，共5层，主体建筑高度39.7m；B馆、C馆（1号、3号）为展览中心，共3层，主体建筑高度27.75m。敦煌会展中心三栋楼采用对称布局，强调中轴线上主体建筑的重要性，深刻地体现了汉唐民族文化的本质。

为了充分体现敦煌和丝绸之路的汉唐风格，项目设计组走访了敦煌研究院和西安多个历史古迹，并同国内多所高校的建筑系进行了广泛合作。在接到本项目设计施工任务之前，原址在建的其他工程停工了近两三年，需要将原有的结构及建筑方案进行大范围调整，甚至是拆卸，以满足现在会展中心所有使用功能。取消玻璃幕墙、调整窗花形式、改变玻璃颜色、去除悬挂牌匾、大面积融入汉唐建筑文化……设计组结合当地生态，充分引入绿色、节能、环保理念，使项目达到绿色建筑二星级标准。项目背面就是敦煌八景之一的鸣沙山，为了不干扰鸣沙山的自然风道，设计组对周边环境进行了模拟分析，并确保建筑标高不超过35m。

用现代建筑材料、方法诠释汉唐建筑效果，突出敦煌文化特征是本项目建筑设计遵循的一大原则。本项目大量运用古建筑的设计特点，如椽、鸱尾、斗拱、直棂窗、藻井等，充分展现了汉唐建筑的特点，再现了丝绸之路文化交汇盛景。充分体现出了汉唐建筑规模宏大、规划严整的特征，且以建筑群的形式出现。汲取并保留了古典建筑的经典元素及其比例，同时也简化了古典建筑烦琐的结构构件，以现代建筑的设计方法重构古建筑。整个建筑给人以简洁、大气、稳重的美感，体现出汉唐时期包容、方正的格调。

会展中心全景

国际展馆夜景全景

本工程建筑外立面大量使用了斗拱、祥云等汉唐建筑的代表元素。建筑整体安静凛然，强调沿着自然与历史的轨迹将汉唐开放的社会意识形态融入未来。

幕墙系统介绍

敦煌丝绸之路国际会展中心工程主要幕墙系统为干挂石材幕墙系统、干挂石材包柱、206 系列明框玻璃幕墙系统、116 系列明框玻璃幕墙条窗系统、铝合金格栅系统、3mm 厚吊顶铝板系统、真石漆等，幕墙面积总计 150000m^2。

玻璃幕墙面积约 20000m^2，大部分玻璃为中空夹胶 Low-E 玻璃，其中玻璃板块主要尺寸为 2.4m（宽）× 4.5m（高），能最大限度地吸收阳光辐射，确保冬季日照缩短后，还能获得大量的日照，以降低能源消耗。

石材幕墙

本建筑定位为仿古建筑，为凸显历史感，石材幕墙排版采取骑马缝的方式，板块尺寸为 1200mm × 600mm，营造出古代用砖垒成的古城墙效果。

项目最大限度地就地取材，当地采集率达 95% 以上。本项目石材幕墙面材为 28mm 厚花岗石，种类为当地特有的黄色系列石材“敦煌莫高金一号”。随着时间的推移，石材颜色会逐渐加深，更能凸显建筑的厚重感。整个建筑 6m 以上石材为荔枝面处理，6m 以下石材为光面处理。

石材幕墙

玻璃幕墙

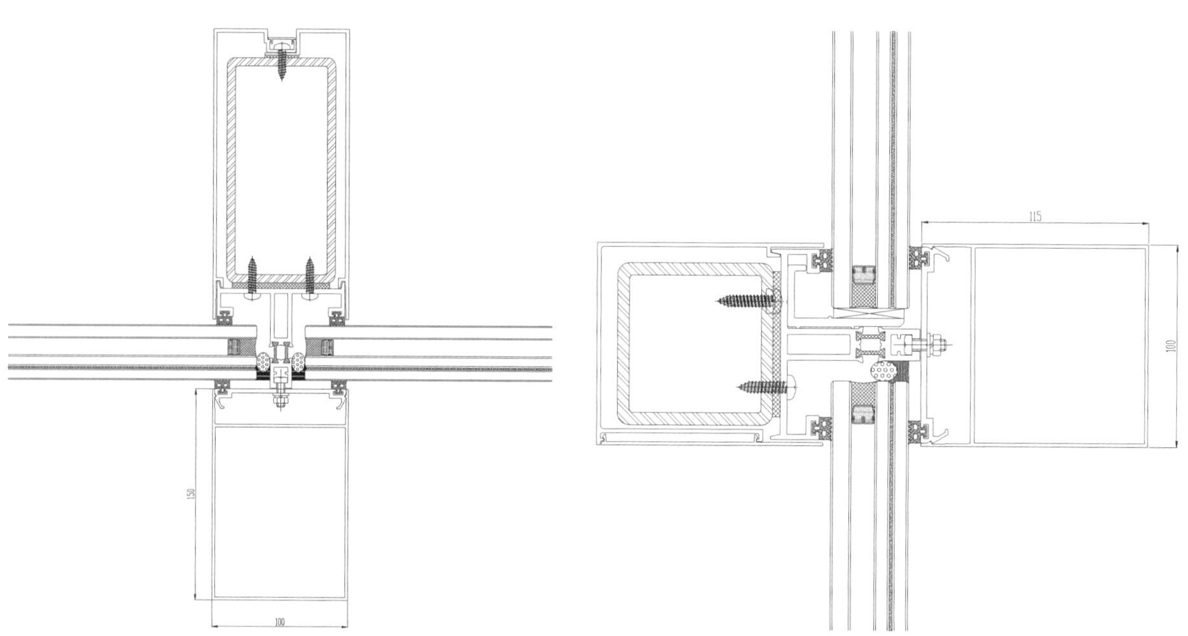

玻璃幕墙节点图

玻璃幕墙

大面积玻璃幕墙是建筑中唯一比较现代化的部分，为了弱化现代气息凸显古建筑韵味，工程采用横竖明框系统，用装饰条营造出简易中国风的窗格效果。

设计初期，为保证视野的通透性，玻璃的分格较大，而且敦煌本地“飞沙走石”的情况司空见惯，为确保安全性，采用了中空夹胶玻璃。明框玻璃系统竖向装饰条尺寸为 100mm 宽、150mm 深，横向装饰条尺寸为 100mm 宽、115mm 深，具体做法如玻璃幕墙节点图所示。

鸱尾及屋脊

汉唐建筑，以歇山顶彰显建筑的沉稳质朴，以厚墙薄顶述说建筑的端庄高贵，本工程建筑屋脊采取五脊四坡的形式，平面呈矩形，面宽大于进深，前后两坡相交处是正脊，左右两坡有四条垂脊，分别交于正脊的一端。

正脊两端各有一个“鸱尾”。古语中龙生九子，第九子螭吻/鸱尾，为鱼形的龙（也有说像剪了尾巴的蜥蜴），喜四处眺望，遂位于殿脊两端。在佛经中，螭吻是雨神座下之物，能够灭火，所以把它安在屋脊两头也有消灾灭火的功效。

鸱尾的形态最早出现在汉武帝修建的“柏梁殿”上。到了唐代，鸱尾的形制逐渐固定下来，在唐长安城遗址出土过较为完整的陶质鸱尾实物，造型简洁浑厚。晚唐时期，鸱尾突出了吻的形状，张口吞脊，吻的张合很有力度。

考虑到屋脊造型复杂以及当地昼夜温差大、紫外线强等气候条件，选用铝单板作为面板材料，便于施工。

铝单板缝隙处的密封胶颜色与铝板颜色一致，这样可以在保证整体防水功能的同时也保证屋脊外观的整体性。

檐口吊顶铝单板

椽——屋面基层的最底层构件，垂直安放在檩木之上，以木刨成圆柱形装配于檐底，使单调平淡的檐底增加立体和华贵的视觉感。为了便于施工，简化成方柱形。

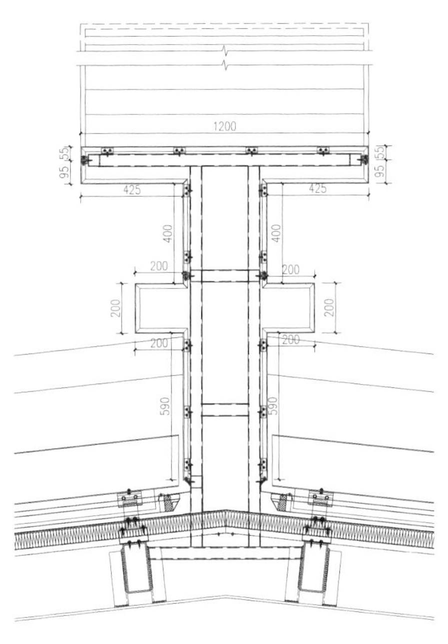

鸱尾幕墙方案

屋脊效果图

唐代鸱尾（出土文物）

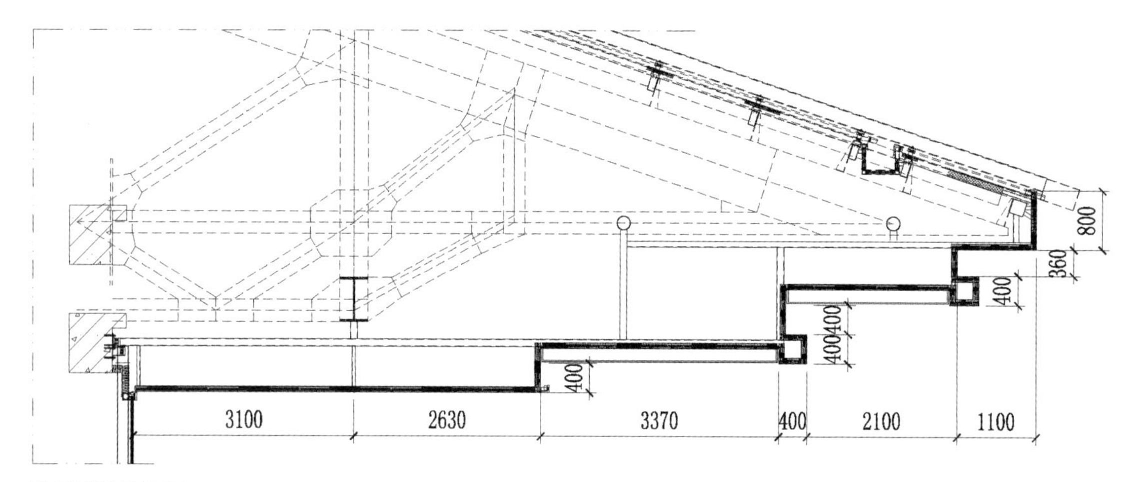

吊顶铝单板剖面图

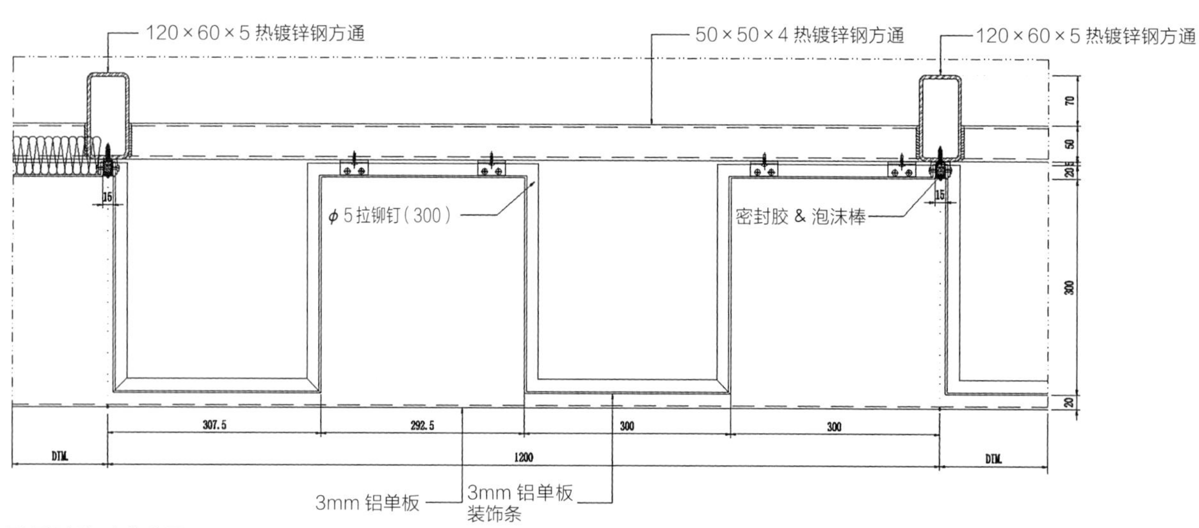

吊顶铝板标准节点图

古代建筑屋檐下的椽常分为两层叠级，每条上椽的顶端都雕以万字彩画，下椽顶端则雕以弯月形彩画。

本建筑屋面檐口参照古建形式，采取多层叠级的形式，用“几”字形铝单板，做出椽的造型。

考虑到“几”字形铝板会因施工中产生的竖向偏差导致板面不平整，在前端的封口铝单板底标高的基础上降低了 20mm；并应泛光的需求，增设了 130mm × 100mm 的铝单板灯槽，其颜色与大面铝单板一致，远处看浑然一体。

吊顶铝单板叠级多、造型复杂，每栋楼相邻面的铝单板造型及叠级均不同，导致在阴角、阳角交接位置吊顶铝板的处理难度非常大。

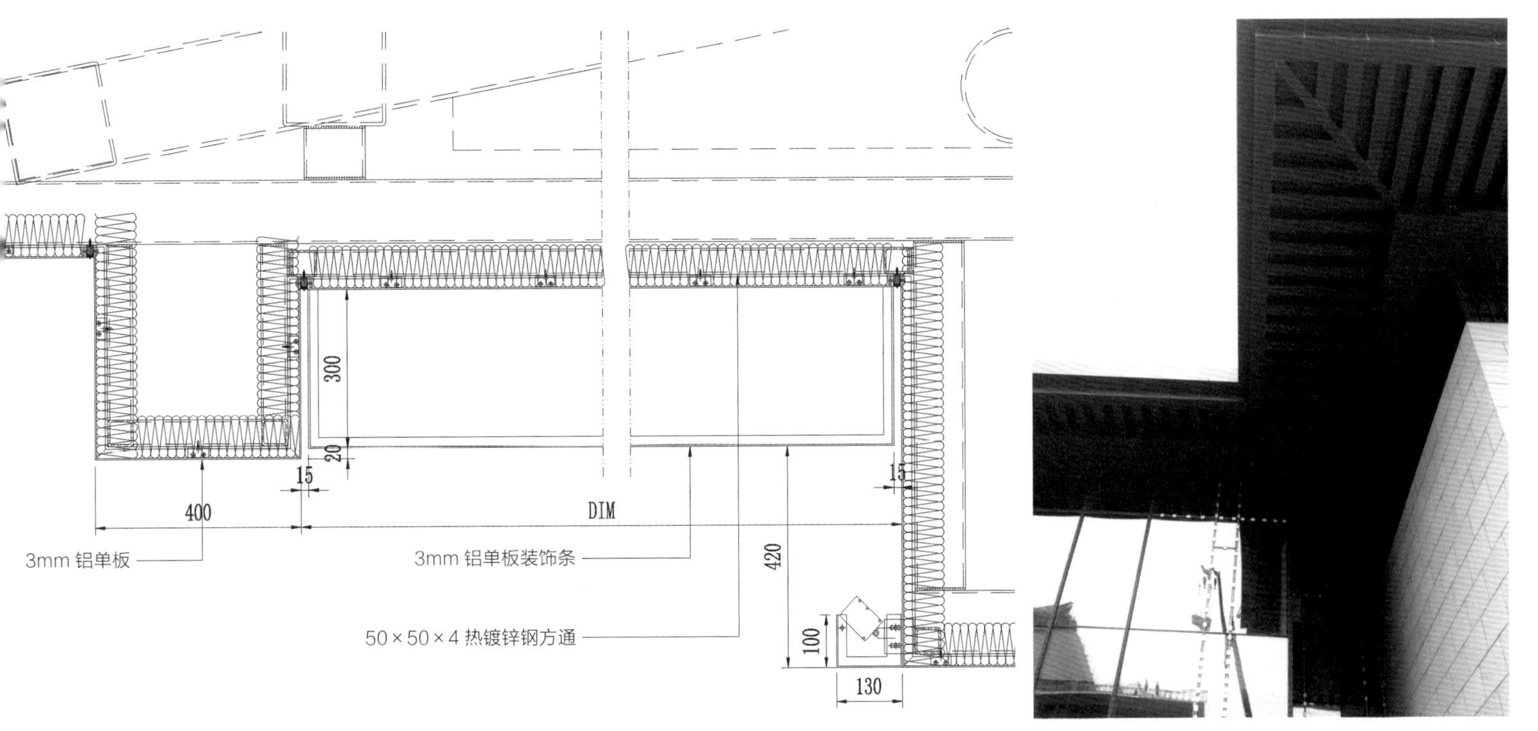

吊顶铝板细部节点

门饰图案

门及窗花

门在古代都是按一定的礼仪制度来设置的，所以门在中国古代社会还是身份和地位的象征，甚至于门上的装饰，都直接关系到建筑的等级，本建筑主入口门套采用纯铜材质，古朴、大气，与整个建筑的风格相匹配。

门套的饰纹，考虑到敦煌以莫高窟最负盛名，其中的飞天文化最具代表性，便选择了飞天壁画中的祥云图案，凸显了敦煌当地的文化。

窗，是建筑一个重要的组成部分，是依附于建筑而存在的。因而，窗的发展与建筑基本同步。汉代、唐代建筑窗的形式大部分为直棂窗。直棂窗是用直棂条在窗框内竖向排列，形成的犹如栅栏的窗户，样式朴实无华，给人以庄重、大方之感。

敦煌会展项目破子棂窗效果

为了增加建筑的层次感，石材幕墙与屋面吊顶铝单板之间的条窗玻璃幕墙外设置了一层类似“破子棂窗”的窗花，对形成整个建筑物的仿古效果起到了画龙点睛的作用。

破子棂窗，其特点就在“破”字上，它的窗棂是将方形断面的木料沿对角线斜破而成，即一根方形棂条破分成两根三角形棂条。

为了便于施工，窗花采用矩形铝合金组装，考虑到使人在室内视野不被遮挡，便把三根横向的方形棂分为上两根、下一根的形式。

因玻璃幕墙是明框系统，窗花嵌在横向、竖向装饰条之间，为了让窗花与装饰条扣盖不混为一团，窗花的最外围边框型材设计得窄一些。

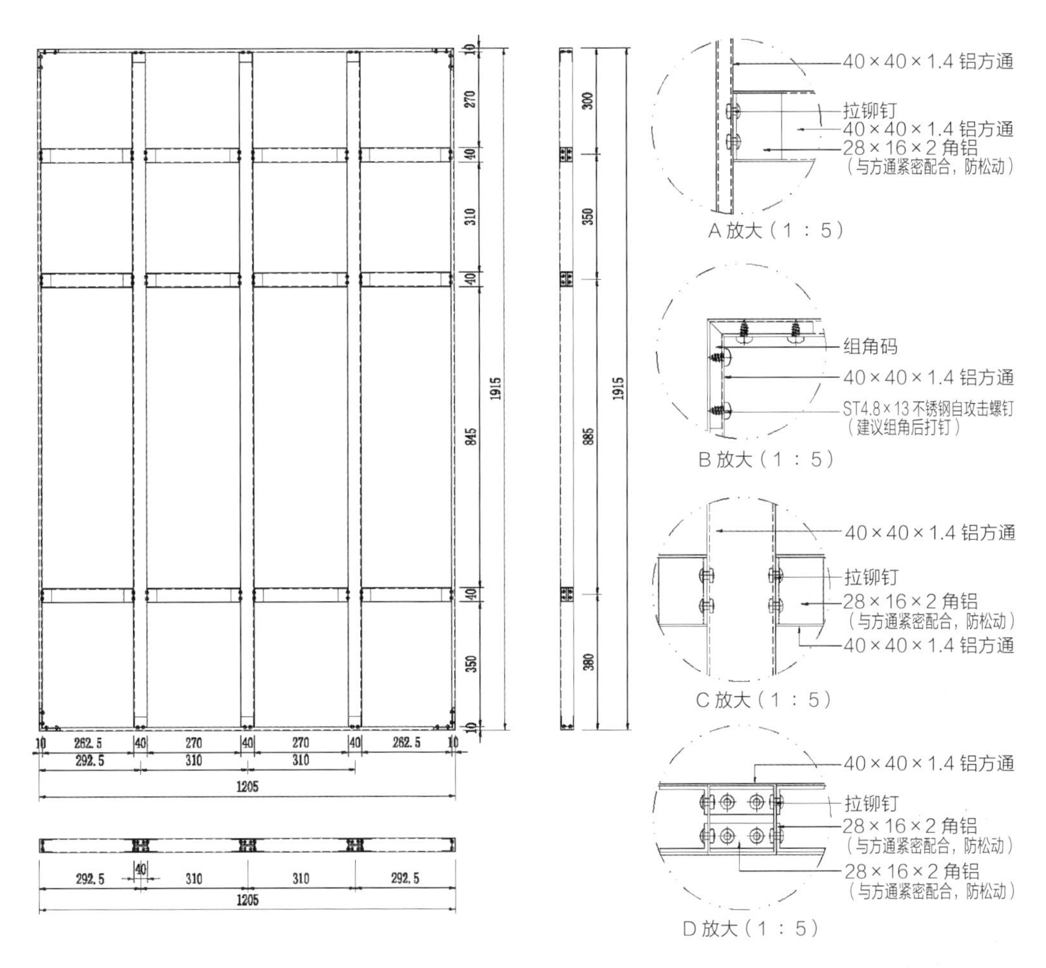

窗花组装图

斗拱

斗拱，早在战国时期就有了雏形，在唐代发展成熟，后来成为皇族建筑的专用构件。它是一种集物质功能与精神功能于一身的特色艺术，除了构思的巧妙和制式的缜密外，那夺人心魄的装饰美和形式美，使诸多大师为之倾倒，可称之为中国古建筑的灵魂。

斗拱在本工程中仅起装饰性作用，所以选择了汉代早期方正、简单的斗拱形式，给人以一种有力、沉稳的感觉。

主入口柱子面板为石材，为了保证整体统一，斗拱的装饰材料也采用石材。斗拱造型复杂，为了保证安全性，石材均采用背栓固定，同时背后设置防坠玻璃纤维网。

斗拱上方吊顶铝单板依托的结构为主体悬挑钢结构，在正负风压下铝单板龙骨与斗拱桁架结构的变形量不同，两者之间会存在相对移动。为了保证斗拱结构的安全性，

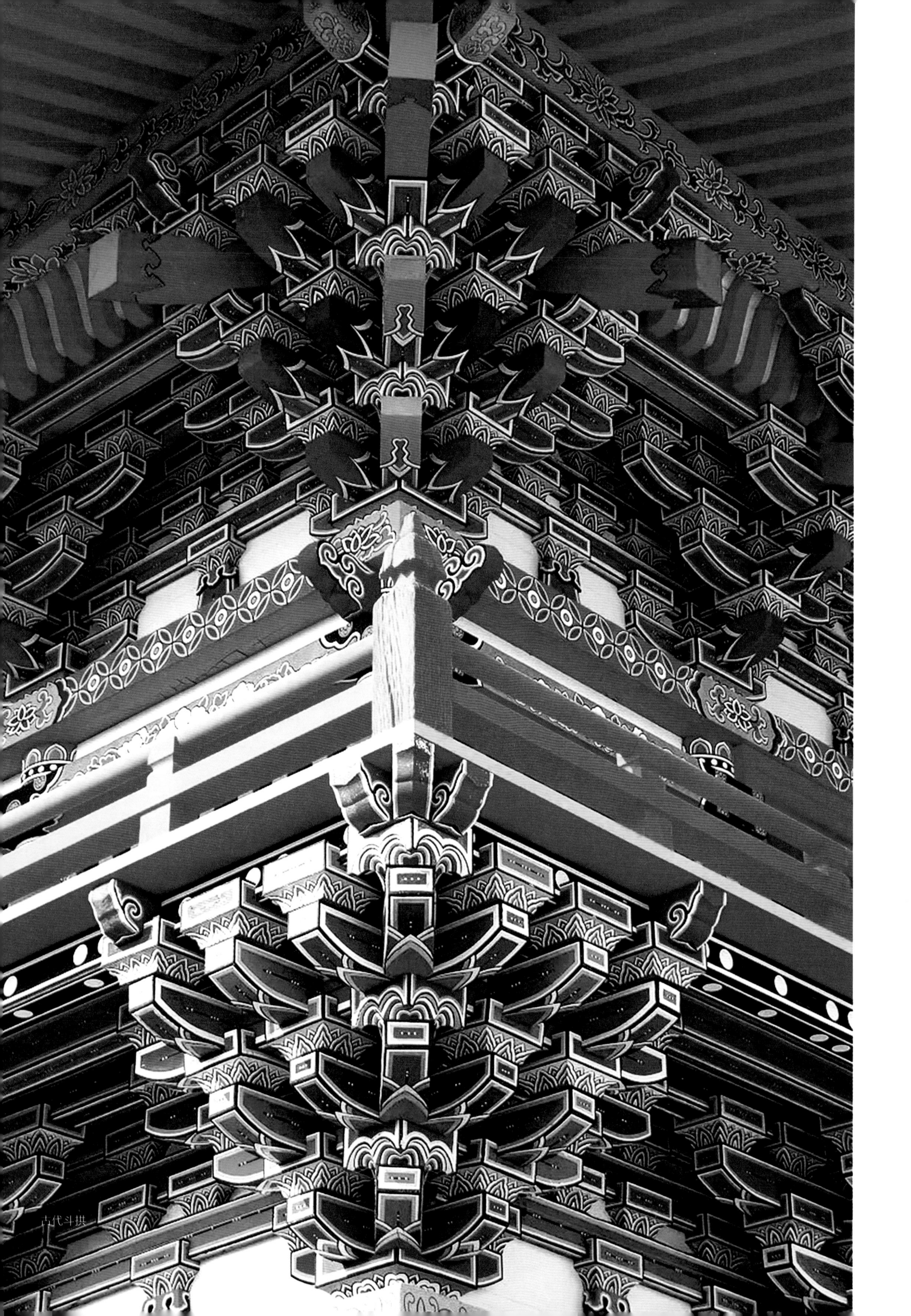

敦煌会展项目斗拱

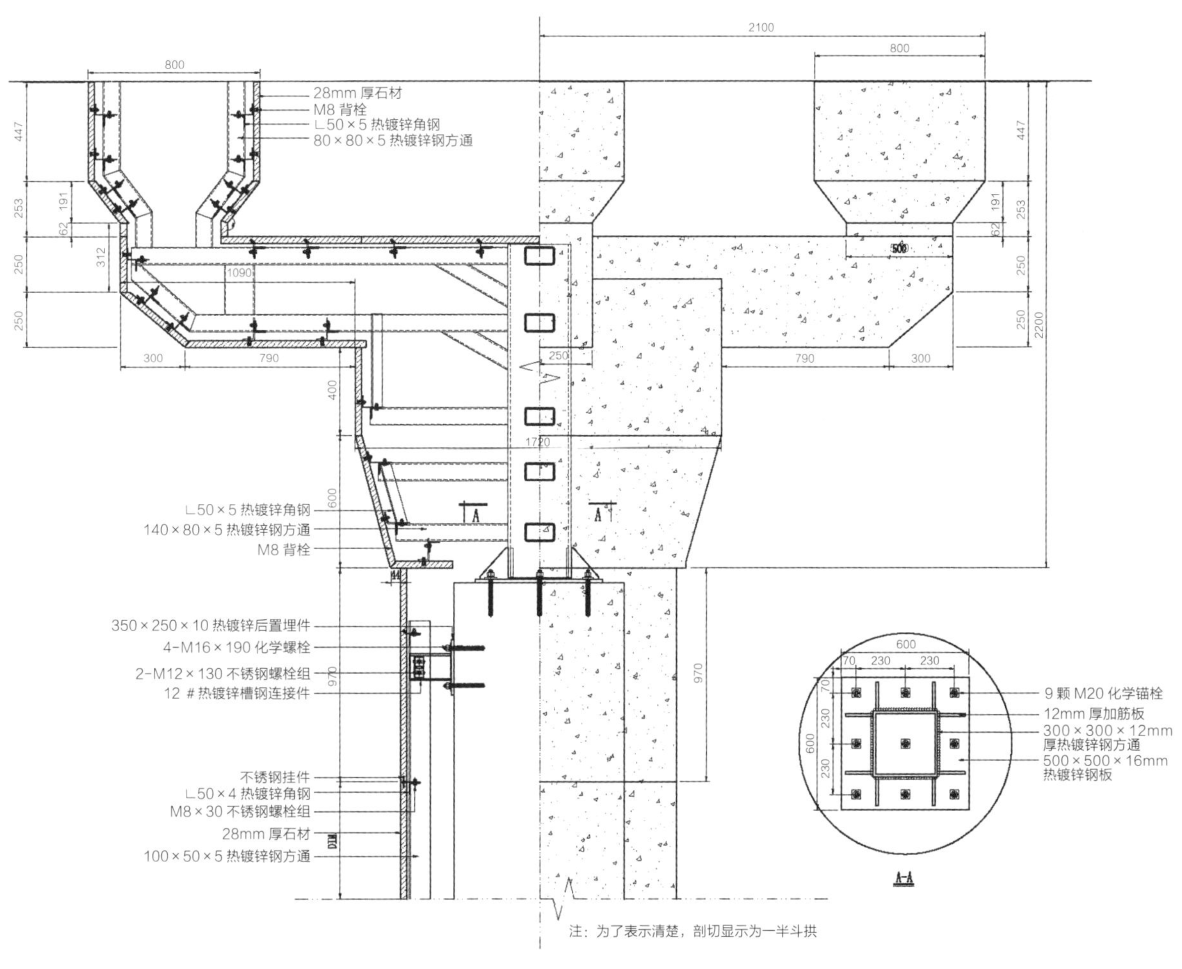

斗拱剖面图

采用类似人体脊椎的形式，竖向设置一根主龙骨，次龙骨从主龙骨的四周以相互对称的方式延伸出来，保证结构的稳定性、安全性。

柱墩

本建筑承载着汉唐文化，因斗拱的形式为汉代简易斗拱，因而柱墩也与之对应，选择了汉代风格。汉代建筑中柱多为八角形，也有少数方柱，都比较粗壮而且收杀急促。高柱，一般高度仅为柱下径的 3.3 ~ 3.6 倍，短一点的仅为 1.4 倍。柱下的础石一般为方形，雕琢都刻意做得极为粗糙。工程柱墩装饰材料为石材，复杂的花纹加工难度大、周期长，最终选了中国传统装饰纹饰之一“回纹”，具有简约婉转之美。

敦煌会展中心三栋楼采取对称布局，强调中轴线上主体建筑的重要性，深刻地体现了汉代民族文化的本质；敦煌莫高窟壁画天下闻名，所以在主楼两侧的东楼和西楼的外立面设置了 20 幅尺寸为 7m × 7m 的原创壁画，其画面均先绘制在瓷砖土坯之上，后经烧制而成。国际展馆设立壁画 10 幅，以“丝绸之路，一带一路”为主题，重点体现丝绸之路上各个国家的特色以及与中国文化的交流和碰撞。国内展馆壁画 10 幅，以“丝绸之路，敦煌印象”为主题，重点体现敦煌的艺术、人文、地理。

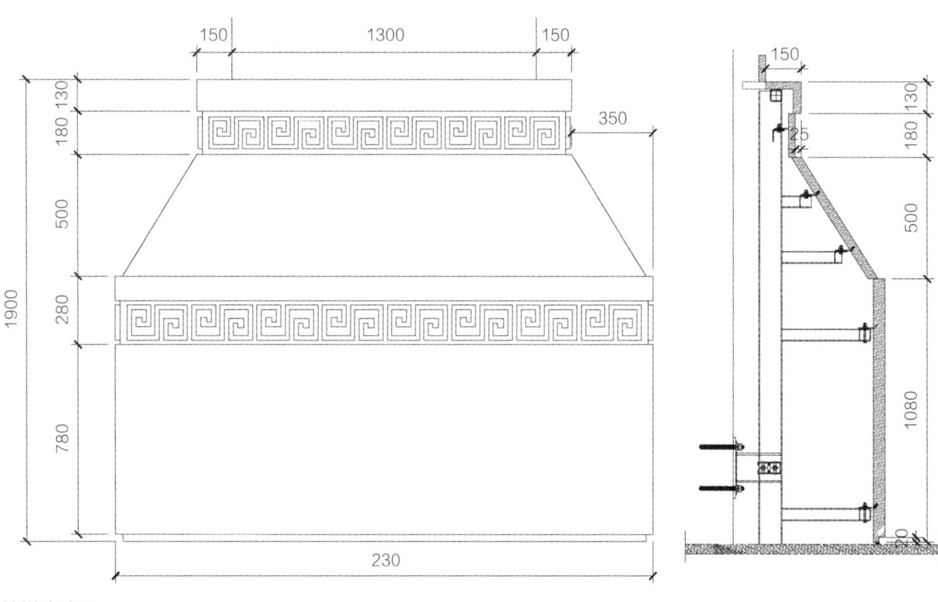

柱墩方案图

国际展馆壁画之一（单幅：7m×7m）

国内展馆壁画之一

三亚市崖州湾新区丝路之塔

项目地点

海南省三亚市崖州湾新区中心渔港宁远河出海口处

工程规模

幕墙面积约 20000m^2，建筑高度 95m，地上 11 层，地下 1 层，工程造价约 5000 万元

建设单位

三亚崖州港湾投资有限公司

设计单位

深圳市建筑设计研究总院有限公司

开竣工时间

2017 年 1 月—2017 年 3 月

社会评价及使用效果

建成后的丝路之塔将作为三亚市“一带一路”倡议的标志性建设工程项目，该工程集船只航行指引、旅游观光、应急和商业发射塔等功能于一体，是三亚市参与打造 21 世纪海上丝绸之路，加快推进南海资源开发服务保障基地建设，为海上丝绸之路创造优质服务平台的重点工程，能够有效提升三亚市作为“海上丝绸之路”前沿基地的城市综合服务水平

丝路之塔外景

设计特点

从建筑布局来看，项目按照竖向 “公园—展厅—观光塔”三维空间布局，创造出丰富的空间体验和悠闲舒适的景观。裙房部分主要有下沉瀑布空间、架空层休憩空间和观海绿植屋顶，营造出人与自然融合的生态空间。塔顶层设有观光大厅，观光大厅下一层是餐饮厅及电梯厅，为游客提供美景美食复合式服务。

项目的建筑设计由中国工程院孟建民院士亲自操刀，整个建筑造型引入中国元素“鼎、樽、八角塔、天圆地方、五龙传说”，主塔高度为95m，寓意九五之尊，塔身的表面肌理采用中国传统的饕餮纹以及表面云纹元素，以体现一种修身治国、威严有序的传统文化。

600 年前，东方文明之风经海上丝绸之路吹向世界，郑和下西洋，鼎盛了海上丝绸之路的发展；600 年后，21 世纪海上丝绸之路借着东风扬帆起航，驶向灿烂辉煌的未来。丝路之塔站在过去与未来的交汇点，连接历史与未来，连接过去与现在，连接海洋与天空。丝路之塔不仅仅是城市的新地标，亦是文化演绎的载体，立足当下，它既承载着过去的辉煌，亦展望着未来的绚丽。

饕餮纹镂空铝铸件实物

幕墙系统介绍

塔楼幕墙系统

饕餮纹镂空铝铸件幕墙

设计：塔楼 -4.5 ~ 78m 塔身的纹理，建筑师想要一种镂空、有厚度，远看是饕餮纹、近看是云纹的外观效果，且每个单元图案中间无明显拼缝，同时需要考虑后期整个塔身的灯光效果，要留有足够的位置安装灯珠，所以最终选择了铝铸件来实现这一目的。

材料：面板整体厚度 30mm，局部厚度 5mm，全镂空饕餮纹，表面布置云纹铝铸件，龙骨为氟碳喷涂 10 号槽钢骨架。

饕餮纹镂空铝铸件幕墙施工工艺

本系统采用装配式小单元的加工、安装工艺。

施工工艺流程

测量放线→钢支座安装→饕餮纹板加工→饕餮纹板安装

测量放线 根据每层完成面到轴线的距离进行测量放线，并将测量放线数据反馈到图纸上，确保整个建筑外表顺滑过渡，并作为材料下单的依据。

饕餮纹铝铸件加工工艺 整个饕餮纹板的尺寸为 1500mm × 1400mm，在现有的加工工艺下，很难实现整体开模和铸造，所以根据实际图案和加工周期，将整个图案分成 8 块开模，在连接点处预制连接耳板。在经过专业的压铸、成型、组装、喷涂等工艺后，8 块铸件形成一个有机的整体。在工厂组装的过程中，使用了 45 颗 M10 沉头螺钉进行机械连接，这样既保证了整体的强度，又保证了美观的视觉效果。

在工厂，选用 10 号槽钢做一个 1492mm × 2782mm 的“日”字形简约骨架，之后用 M10 螺栓将铝铸件与钢框架连接起来，每块标准铝铸件有 16 个连接点。

塔楼的标准层高为 2.8m，每层都有工字钢梁作为幕墙生根点，而饕餮纹板的竖向分格是 1.4m，横向分格为 1.5m，正好每层两块板；同时为了保持饕餮纹镂空效果，尽可能地减少龙骨数量，因此最终选择每两块饕餮板作为一个安装单元，采用四点支撑的挂接方式，现场不再做龙骨体系，同时提升现场施工的质量，并提高施工效率。

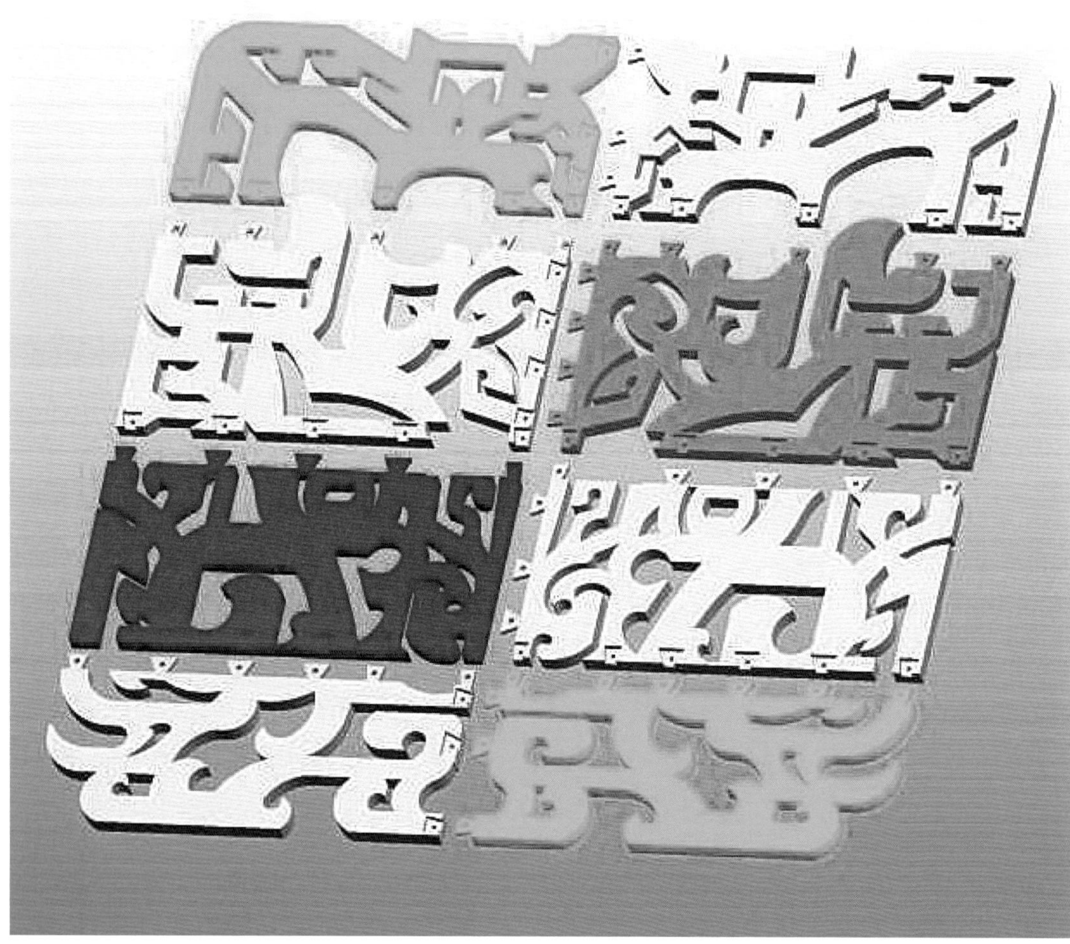

整板分块示意图

小单元组框图

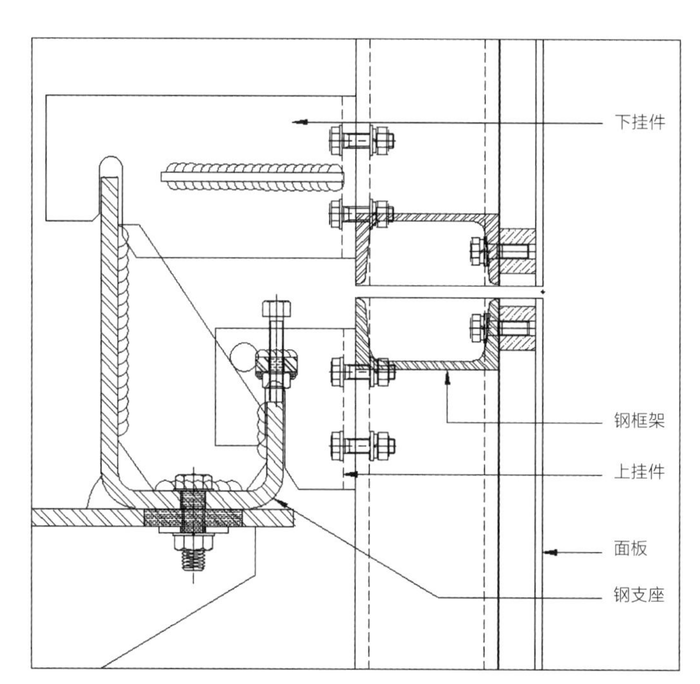

单元挂接图纸

饕餮纹镂空铝铸件幕墙完工实景（室外）

饕餮纹板与单元钢架也是通过螺栓连接的，钢架在工厂加工、焊接、喷涂完成后，与饕餮纹铸件通过 32 颗 M10 不锈钢螺栓安全连接，然后再将每块板上的 108 颗灯珠卡扣在饕餮板预留的钥匙孔型槽口中，最后整体吊装挂接。

观光区域单元玻璃幕墙

设计：塔楼 67.2m 以上位置的观光区域，是整栋塔楼的重要功能区，建成后集旅游、观光、就餐、灯光宣传于一体，外倾的建筑立面让人产生更通透的视觉效果。设计综合考虑了幕墙、灯光的配合，以及幕墙整体的设计安装，并实现多重功能。

材料：大面位置采用 8+1.52PVB+8+12A+10 中空夹胶钢化 Low-E 玻璃，转角位置采用 10+2.28SGP+10+12A+10 中空夹胶钢化 Low-E 玻璃。

单元式幕墙施工工艺：考虑整个外立面倾斜的造型，本部分采用施工便利、

观光区效果图

功能保证性更强的单元幕墙系统，所有的单元板块均在加工厂加工、组装，现场只需将单元板块挂接在主体钢结构的转接件上即可，虽然单元板块数量不多，但是根据建筑功能划分，板块高度有 2700mm 到 5500mm 多种长度，宽度也有 575mm 到 1500mm 多种规格，形状也各不相同，难点是整个建筑 4 个阳角均没有立柱，且转角分格达到 1200mm 到 1500mm，对设计、施工非常不利。综合上述各种情况，最终采取了以下三种设计方式：标准位置，采用正常的铝合金型材立柱，单元式插接。大跨度位置：采用铝合金立柱内穿通长 16mm 厚钢板，单元式插接。转角位置：采用钢立柱（200mm × 100mm × 8mm）、钢横梁（160mm × 80mm × 8mm），四点挂接式安装。

加工部分

加工过程中严格按照编号图对应不同的组装工艺，比如横梁立柱的连接、钢插芯与立柱的紧密配合、钢骨架的焊缝满足设计要求等。

运输过程中做好防护措施（广东惠州到海南三亚），确保运到现场的板块没有任何刮花和破损。

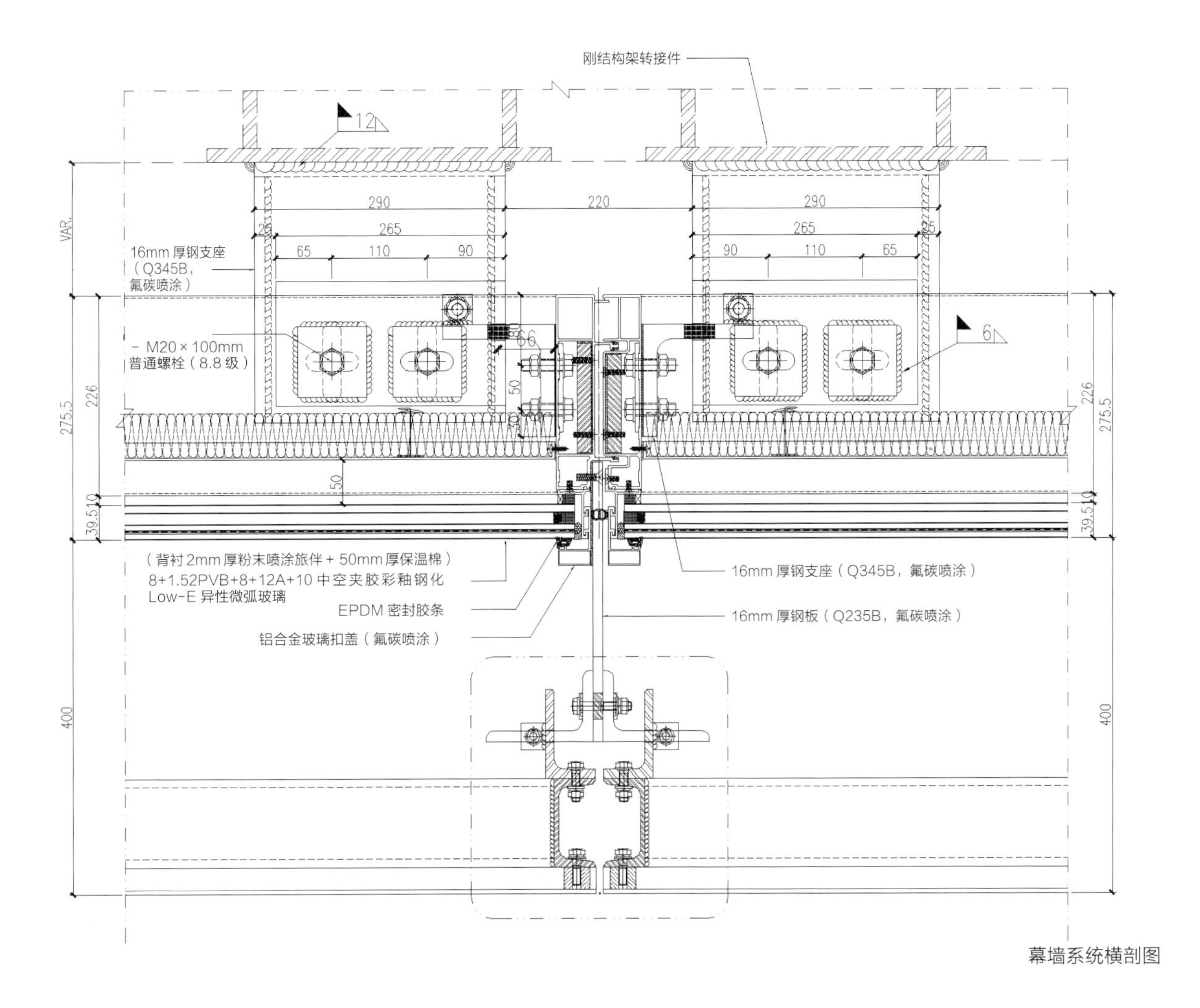

幕墙系统横剖图

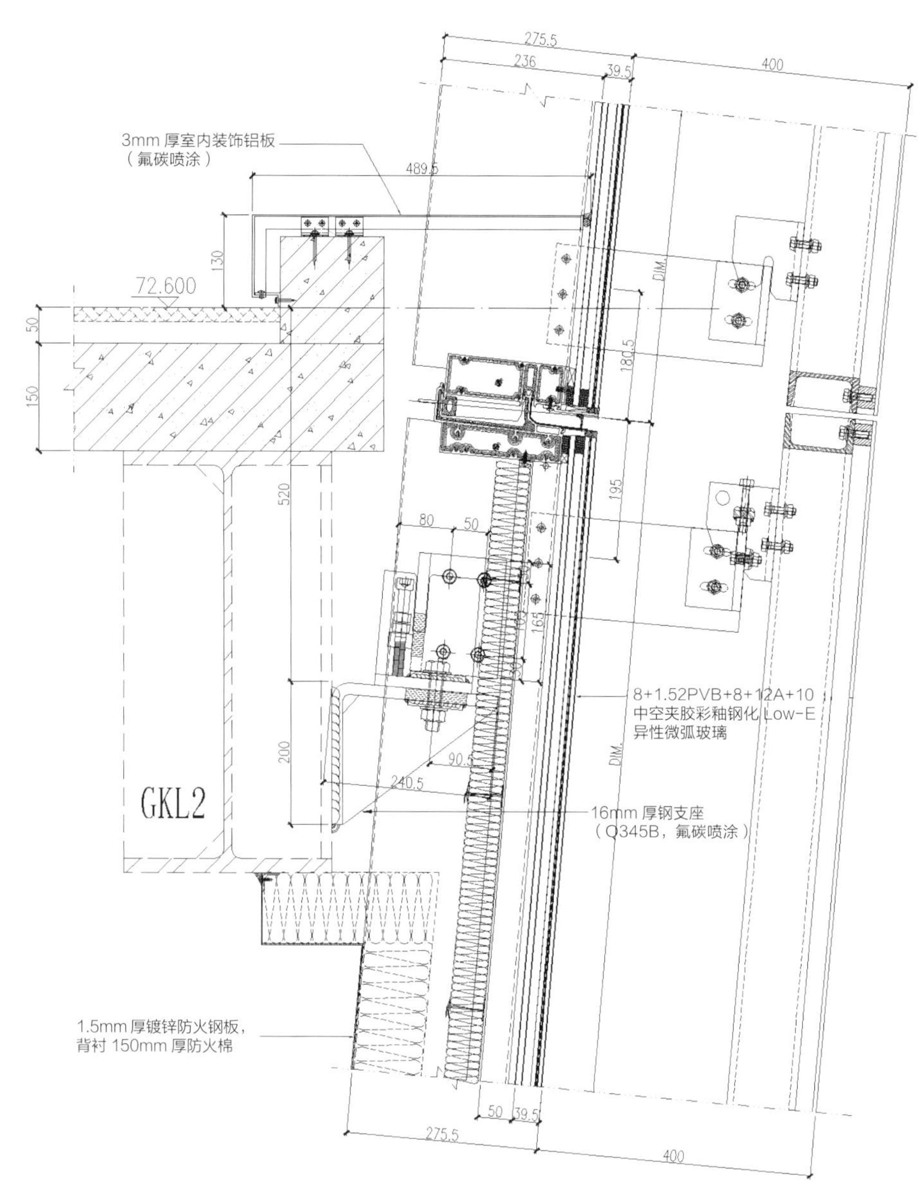

幕墙系统竖剖图

观光区单元幕墙完成后实景（室外）

现场部分

对现有的钢结构进行整体复测，根据每层与轴线之间的关系逐层复核，对于有特别大偏差的位置应选用加长转接件，然后在现场对刚挂件一一焊接，焊缝满足设计要求。

单元板块的安装采用先转角后大面的方式，因为转角部分的单元板块重量均比较大，最重的一个板块达到 2t，而且采用四点挂接，不与周围板块进行插接，这样可以最大化地实现板块的安装可调整性。大面板块采用单一顺序依次插接安装。

每层单元板块安装完成后复测检查整面幕墙的斜度、平整度，满足要求后进行左右限位，然后对转角板块做密封处理，最后进行整圈的闭水试验，完成整个幕墙的安装。

裙楼幕墙系统

龙头区带装饰线条双曲面明框玻璃幕墙

设计：此区域建筑层高达 10m，呈外倾异形曲面，幕墙跨度达 12m，建成后成为裙楼展览区最具特色的一部分，具有通透大气的特点，也将成为整个建筑最具灵性的一部分。

材料：8+1.52PVB+8+12A+10 中空夹胶钢化 Low-E(双曲面) 玻璃，横向和竖向铝合金装饰扣盖宽 65mm，Q235B 微弯钢龙骨（表面经过氟碳喷涂处理）。

双曲玻璃幕墙施工工艺：本区域的幕墙属于大跨度钢结构玻璃幕墙，立柱采用 300mm × 100mm × 8mm 钢方通，上下均为双支点，上下支座间距均为 700mm，满足大跨度钢龙骨的受力要求，横向为 120mm × 60mm × 5mm 的钢方通横梁，均匀支撑，与玻璃形成对应关系，实现了大分格双曲面玻璃的安装。圆弧处玻璃采用双曲夹胶玻璃，通过 BIM 建模对每一块玻璃精确生产制造，最终实现了整体造型的顺滑过渡。

此部分的双曲造型对于现场转接件、龙骨的定位安装是一个非常大的难题，鉴于模型软件与实际施工工艺存在误差，本工程采用两种方案与全站仪配合放线。一种方案是直接在模型软件中取点，但是需要对模型进行全面的细化，并根据现场的实际结构形式进行多次调整，此方案用于前期对结构的整体复测；第二种方案是在安装过程中，取 4 个不同的标高，其中两个是在楼板的顶底，便于架设仪器，然后选取两个顶底的三维点位，作为基准点，应用定比分点公式，计算出 4 个标高位置的三维点位，此方案应用于后期施工中转接件、立柱的详细定位中。

龙头区双曲玻璃幕墙现场施工完成后实景（室外）

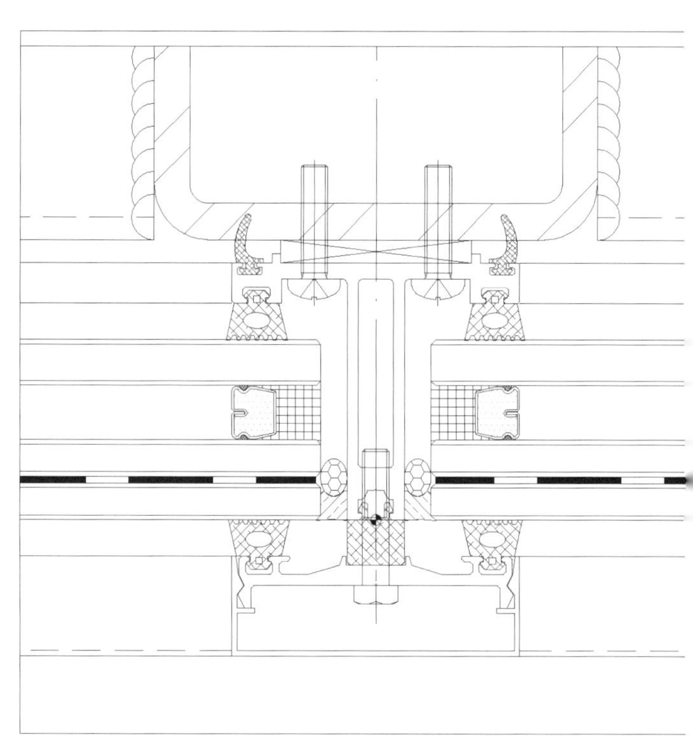

双曲明框玻璃幕墙标准横剖节点图

考虑到双曲玻璃的安装误差，在设计中选用全明框玻璃幕墙系统，加大玻璃与压座之间的缝隙，能够有效地吸收施工、加工所产生的误差。

外圈点支撑式锯齿状竖向拉索玻璃幕墙

设计：作为裙楼重要的展览功能区以及外立面效果展示区，在与灯光配合之后，高度由高到低，形状似卧龙盘旋，配合锯齿状造型，错落有致，形成别具一格的夜景效果。

材料：10+12A+10 中空钢化 Low-E 玻璃，12+12A+15 中空钢化 Low-E 玻璃，Q345B 钢龙骨（表面经过氟碳喷涂处理）。

锯齿状玻璃幕墙施工工艺：为了满足建筑视觉通透、锯齿状造型、节能保温等一系列要求，选择了一种比较特殊的龙骨布置方式，每三跨布置一个钢桁架，中间布置两跨 4 根重力拉索作为竖向支撑体系，横向选用 20mm 厚锯齿形定制 Q345B 钢板作为水平支撑，玻璃的固定采用不锈钢点式爪件，这样不仅保证了玻璃幕墙的结构受力，更满足了建筑外观无限通透的设计要求，同时玻璃面板的高质量配置也保证了整个建筑空间节能保温。

锯齿状竖向拉索玻璃幕墙施工工艺：整个锯齿玻璃幕墙的造型为不规则圆弧，每个钢架的定位都不一样，因此利用全站仪对每一个钢架进行三维定位，然后使用汽车吊进行安装。之后，对钢架之间的钢板横梁

锯齿状玻璃幕墙完工后实景（室外）　锯齿状玻璃幕墙完工后实景（连接位置）

ϕ16 不锈钢 316 拉索（承重索）

室内

20mm 厚钢板 Q345B
（氟碳喷涂）

33*18 硅酮结构胶

耐侯密封胶

12+12A+15 中空钢化 Low-E
异形玻璃（大小片飞过）
2mm 厚 EPDM 垫片

不锈钢夹具（316 号）

10 +12A+10 中空钢化 Low-E 异形玻璃

室外

硅酮耐侯密封胶

硅酮结构密封胶

12+12A+15 中空钢化 Low-E
异形玻璃（大小片飞过）
不锈钢夹具（316 号）
2mm 厚 EPDM 垫片

200　277　100　31　38　39　100　175　dim　35　265　580　150　600　30　167　335　277　200　38　39　dim　100　250　18.6　3　3

拉索位置节点图

水幕墙位置效果图

进行定位、焊接安装。然后利用拉索，对钢板横梁做竖直方向的调整、定位，并锁紧索的调节端。最后现场安装不同位置的玻璃并打胶。

水幕墙完工后室外实景

水幕墙系统

设计：站在室内，抬头仰望，阳光随波晃动，室外的景象若隐若现；站在室外，低头俯视，波光粼粼，室内景物蒙蒙眬眬，这就是水幕墙采光顶建成后的视觉效果。这种效果的呈现是在玻璃采光顶上储存 100mm 厚的水层呈出来的效果，达到了地下展厅配备特色采光顶的目的。

材料：8+1.52PVB+8+12A+10 中空夹胶钢化 Low-E 玻璃，Q235B 钢龙骨（表面经过氟碳喷涂处理）。

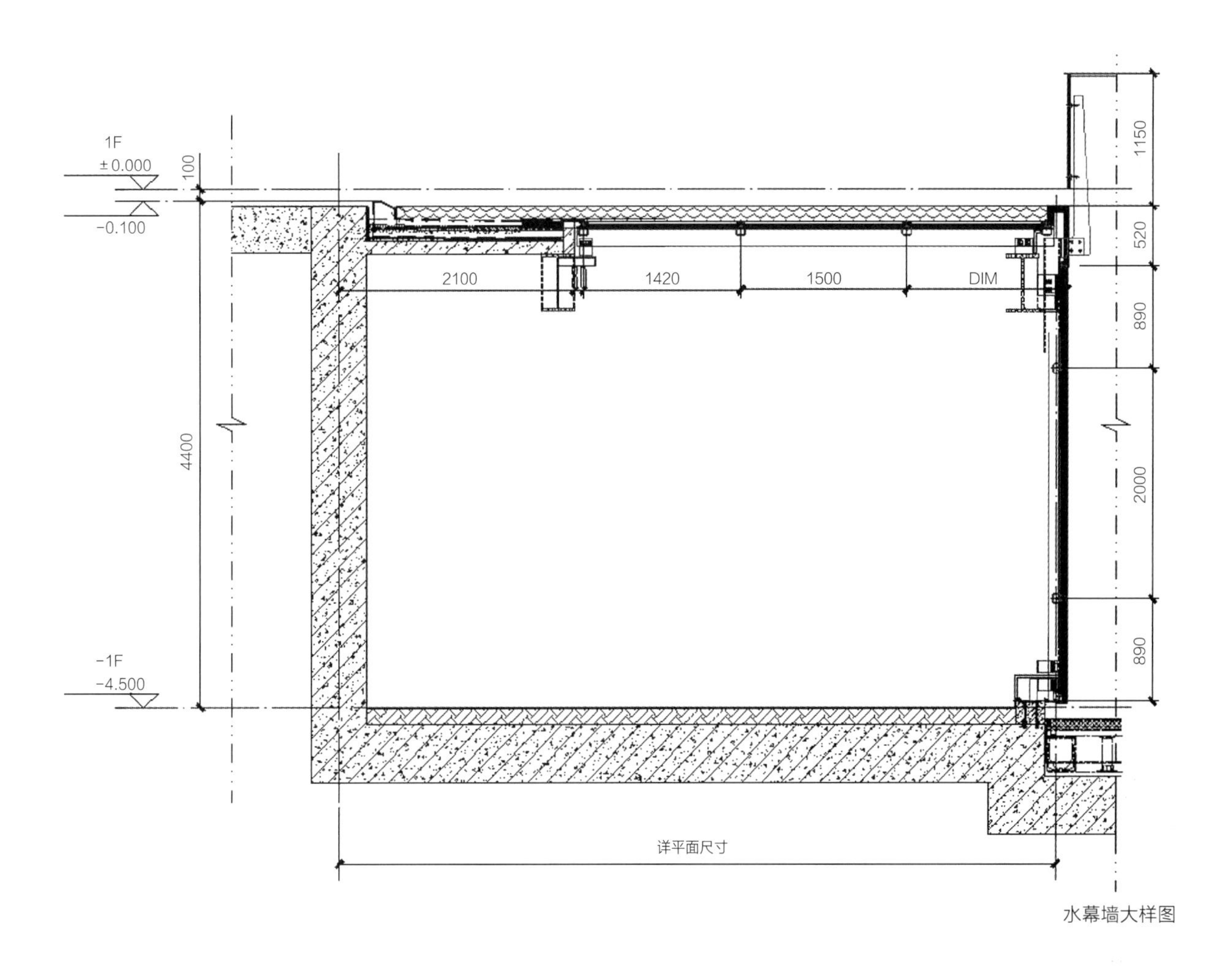

水幕墙大样图

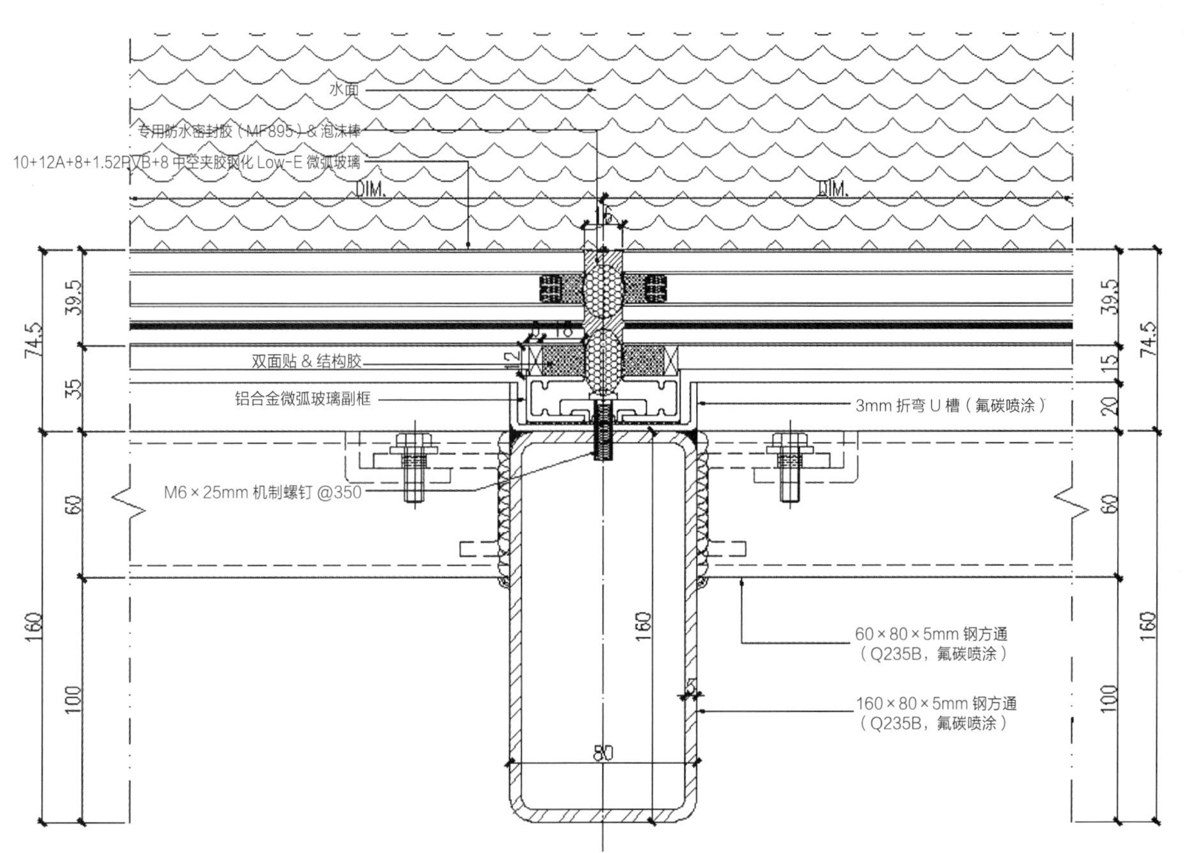

水幕墙节点图

天津美术馆

项目地点

天津市河西区友谊路与平江路交汇处

工程规模

建筑面积 28000m^2，场馆地上 4 层，地下 1 层，总展厅面积约 9000 m^2，幕墙标高 29.9 m

建设单位

天津市房地产开发经营集团有限公司

设计单位

德国 KSP 尤根恩格尔建筑事务所、天津市建筑设计院

开竣工时间

2011 年 4 月—2012 年 3 月

获奖情况

2013—2014 年度全国建筑装饰奖、2012—2013 年度国家优质工程

社会评价及使用效果

天津美术馆于 2011 年 12 月建成，2012 年 5 月交付使用。建成后的天津美术馆恢宏大气，文化韵味十足。天津美术馆及其他场馆所构成的文化艺术中心的建成，标志着天津市文化工程建设又向前迈进了一大步。它与周边其他建筑围湖而建，夜晚灯光璀璨，成为“高雅艺术展示中心、文化艺术普及中心、市民休闲的城市客厅”

天津美术馆外景

设计特点

天津美术馆坐落于河西区友谊路与平江路交会处，内部设施完善，艺术气息浓厚，集文化与休闲功能于一体，在功能上、空间上可满足国内外不同类型、不同体量的展览需求，具有很强的应变能力和适应能力，是致力于审美教育与国际文化交流的理想场所。

天津美术馆整体造型犹如一个巨型的方形石头盒子搁在地面上。场馆地上 4 层，地下 1 层，总展厅面积约 9000m^2，可同时举办多个高质量、高品质的国内外大型美术展览及活动。其中，四层设有基本陈列展厅，全部为恒温恒湿封闭展厅。主要展出馆内策划的常设陈列展，包括精选馆藏、精品文物及重要艺术家专题展等。二、三层为特展厅，均为开场式现代化展厅，适合展示丰富多样的各类当代艺术

夜景

外景

作品及承办大型文艺类活动。其中最具特色的二层展厅面积 1800m²，高 8m，建筑规格现居全国首位。一层展厅既可用于临时性展览，也可用于举办开幕式、酒会、信息发布会等。一层还设有备展区、开放空间展区，为艺术家展现其创造力提供了场所。地下一层为藏品库房，全部按照国际标准建造成恒温恒湿体系。

借鉴国内外同类展馆的特点，融合众多设计元素，追求简洁大方、极富现代气息的外观。项目幕墙标高 29.9m，主要为外立面石材（土耳其洞石）、洞石百叶、复合石材吊顶、超大洞石平移门、超大跨度玻璃肋全玻璃幕墙、钢骨架全隐框玻璃幕墙、全隐框采光顶玻璃幕墙等幕墙形式。洞石使用面积达 13000m²，玻璃肋全玻璃幕墙跨度达到 14.2m，为当时全国最大跨度玻璃肋幕墙。

幕墙系统介绍

大面洞石石材幕墙

项目的石材均选用进口土耳其米黄洞石，在四个立面大量使用。一层及三层有玻璃幕墙，幕墙外侧为洞石百叶，用于遮阳。立面洞石石材采用背栓系统，高度分格有 150mm、300mm、450mm、600mm 四个模数；宽度分格严格以 360mm 为模数，成倍数不规则排布，主要为 360mm、720mm、1080mm、1440mm、1800mm、2160mm、2520mm。这些宽度分格均错缝排布，看似杂乱无章，实则有序可寻，若依着规律细看，很多又貌似不符合规律，给人一种似序非序的严谨而又活泼的感觉。其中高度 150mm 的板块，间断性地某几米、十几米内凹 15mm，更加凸显了建筑的层叠感。立面效果更加明显，正是这种几何级的横竖向分格及内凹造型，凸显了米黄石材的质感与厚重。同时，为确保建筑立面安全，弱化洞石空洞多且易碎的特性，项目立面洞石全部采取洞石石砾及环氧树脂胶修补空洞，选用合适的防水剂做六面防护，同时背面粘贴纤维网格布。

主要材料为洞石，学名叫作石灰华，英文名为 Travertine，是一种多孔的岩石，所以通常人们也叫它洞石。洞石的色调以米黄居多，质感丰富，条纹清晰，使人感到温和。它装饰的建筑物常有强烈的文化和历史韵味，被世界上许多知名建筑使用。因为它的质感和外观与传统意义上的大理石截然不同，所以一般认为它是于大气条件下在含碳酸盐的泉水（通常是热泉）中沉淀成的一种钙质材料。具体的形成过程是含有二氧化碳的循环地下水带走了溶液中大量的钙质碳酸盐，当地下水到达泉水表面时，一些二氧化碳释放出来并凝聚在钙质碳酸盐的沉积层中，形成了少见的气泡（孔洞），从而有了洞石。

和海洋中的石灰岩沉淀不同的是，洞石大多在河流或湖泊、池塘里快速沉积而成，这一快速的沉积使有机物和气体不能释放，从而出现美丽的纹理，但不利的是它也会产生内部裂隙和分层，在与纹理方向一致的部分强度削弱。洞石因为有孔洞，其单位密度并不大，适合作覆盖材料，而不适合作建筑的结构材料、基础材料。洞石除了有黄色的以外，还有绿色、白色、紫色、粉色、咖啡色的等，主要应用于建筑外墙装饰和室内地板、墙壁装饰，颜色有深浅两种，有的称“黄窿石”或“白窿石”。

国内建筑一般用到的是罗马洞石、伊朗洞石和产自土耳其等地的洞石。罗马洞石颜色较深，纹理较明显，材质较好；其他洞石颜色较浅，质地酥松，强度稍差。该类石材可以被抛光，具有明显的纹理特征，弯曲强度呈各向异性。垂直纹理方向（强向）的弯曲强度在 6MPa，部分超过 7MPa；平行纹理方向（弱向）的弯曲强度在 4MPa 左右，材质和花纹不同，有时候在 5MPa 左右，有时极低，不超过 2MPa，乱纹方向介于其中，此时纹理在其厚度方向上。

洞石幕墙施工技术难点和技术创新点概述

特点、难点技术分析

孔洞多、吸水率高、强度小、重量大等缺点，使得洞石用于外墙干挂存在很大的安全风险，因此难以在外墙装饰中广泛运用。

洞石样品外观

解决方法及措施

用 AB 胶黏结镀锌钢板和洞石背面，可提高洞石的整体性，防止洞石因自重大、强度小产生碎裂。同时洞石四边都用不锈钢挂件连接，并且在洞石背面用不锈钢膨胀螺栓连接，从多方面、多角度来承受洞石的重量，以提高洞石干挂的安全性。

洞石幕墙施工工艺

施工工艺流程

测量放线→金属骨架制作、安装→石材加工、安装→嵌缝打胶→清理面板

测量放线 根据主体结构上的轴线和标高线，按设计要求将支撑骨架的安装位置线准确地弹到主体结构上；将所有预埋件剔凿出来，并复测其位置尺寸；测量放线时应控制分配误差，不使误差积累；测量放线应在风力不大于 4 级的情况下进行，放线后应定时校核，以保证幕墙垂直度及立柱位置的正确性。

安装连接件 将连接件与主体结构上的预埋件焊接固定，当主体结构上没有埋设预埋件时，可在主体结构上打孔，安设膨胀螺栓，与连接铁件固定。

安装骨架 按弹线位置准确无误地将经过防锈处理的立柱通过不锈钢螺栓固定在主体连接件上。安装中应随时检查标高和中心线位置。立柱安装标高偏差不应大于 3mm，轴线前后偏差不应大于 2mm，左右偏差不应大于 3mm。

立柱与立柱之间用角钢通过焊接连接起来，相邻两根立柱安装标高偏差不应大于 3mm，同层立柱的最大标高偏差不应大于 5mm，相邻两根立柱的距离偏差不应大于 2mm。

将横竖梁两端的连接件及垫片安装在立柱的预定位置，并应安装牢固，其接缝应严密；相邻两根横梁的水平标高偏差不应大于 1mm。同层标高偏差为，当一副幕墙宽度小于或等于 35mm 时，不应大于 5mm；当一副幕墙宽度大于 35mm 时，不应大于 7mm。

安装石板 按照图纸设计要求尺寸切割洞石，根据设计图纸确定洞石四边的槽孔位置和背面的不锈钢螺栓孔位置，并将洞石槽孔部位的灰尘清理干净。根据设计图纸要求，将不锈钢挂件和不锈钢转接件安装在金属骨架的位置上，并使不锈钢挂件保持一定的松弛度，以

便安装洞石时调整位置。

当石材插挂到铝合金转接件上时，通过顶部的高差调节螺栓调整石材板块的标高误差，石材板块标高误差控制在 1mm 以内。当石材板块高差以及进出尺寸调整到设计要求时，通过限位自攻螺钉将石材板块的连接件与转接件固定，限制石材三个方向的位移。

嵌缝打胶 打胶要选用与设计颜色相同的耐候胶，打胶前要在板缝中嵌塞大于缝宽 2 ~ 4mm 的泡沫棒，嵌塞深度要均匀，打胶厚度一般为缝宽的 1/2。打胶时板缝两侧石材要粘贴美纹纸进行保护，以防污染，打完后要在表层固化前用专用刮板将胶缝刮成凹面，胶面要光滑圆润，不能有流坠、褶皱等现象。室外打胶操作在阴雨天不宜进行。

大跨度玻璃肋全玻璃幕墙

设计方案选择

14m 高全玻幕墙分布在建筑北面的一层入口处，玻璃肋高 14.18m，宽 600mm；面板玻璃分格宽 2160mm，高度方向分为 3 块，从下向上依次为 4700mm、5300mm、4000mm。面板及玻璃肋均采用超白钢化玻璃。面板玻璃配置为 10Low-E+12A+10 钢化中空玻璃。

玻璃肋采用单片 12+2.28SGP+12+2.28SGP+12 超白钢化夹胶玻璃， 单片玻璃高度达 14.18 m。玻璃肋采用吊挂形式，最上一块面板玻璃采用吊挂形式。面板通过固定在玻璃肋上的不锈钢板承托固定。

本工程大玻璃幕墙设计需考虑的因素有：全玻幕墙能充分适应主体结构的变形；支承结构需考虑玻璃肋、面板玻璃及其他附件材料的自重荷载；风荷载、地震荷载、施工荷载的最不利组合对支撑结构的影响；玻璃肋的局部承压能力、吊挂处的摩擦力；温度变形；硅酮结构胶的承载能力及受力形式；玻璃肋连接处的弯矩、剪力、连接螺栓计算；玻璃开孔处的构造处理；玻璃吊夹处的构造处理以及《玻璃幕墙工程技术规范》（JGJ 102—2003）规定高度大于 12 m 的玻璃肋，需进行平面外的稳定计算。

玻璃肋上只开两个承受面板玻璃自重的玻璃孔，开孔数量较少，玻璃孔的局部压力也较小，可使玻璃因为应力自爆的可能性大幅降低，提高了玻璃结构的安全性。

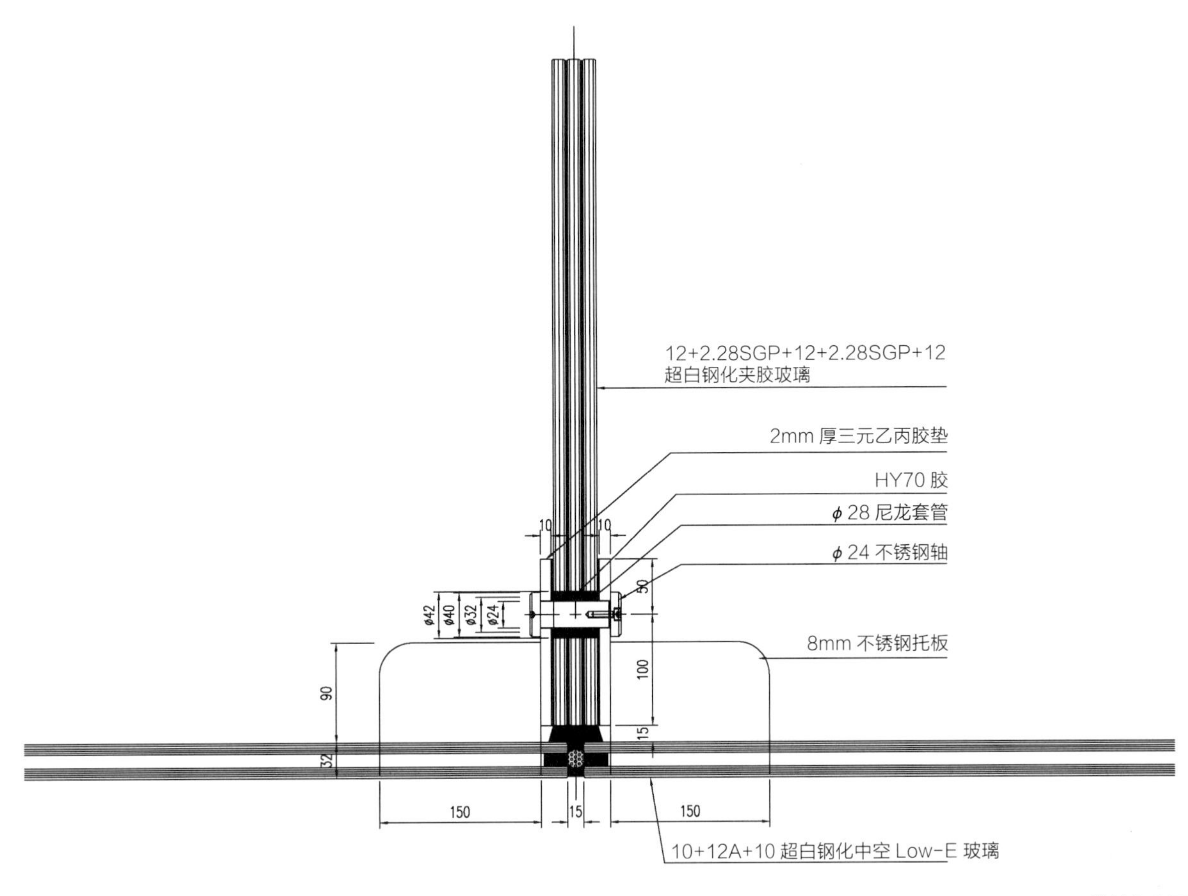

横剖节点图

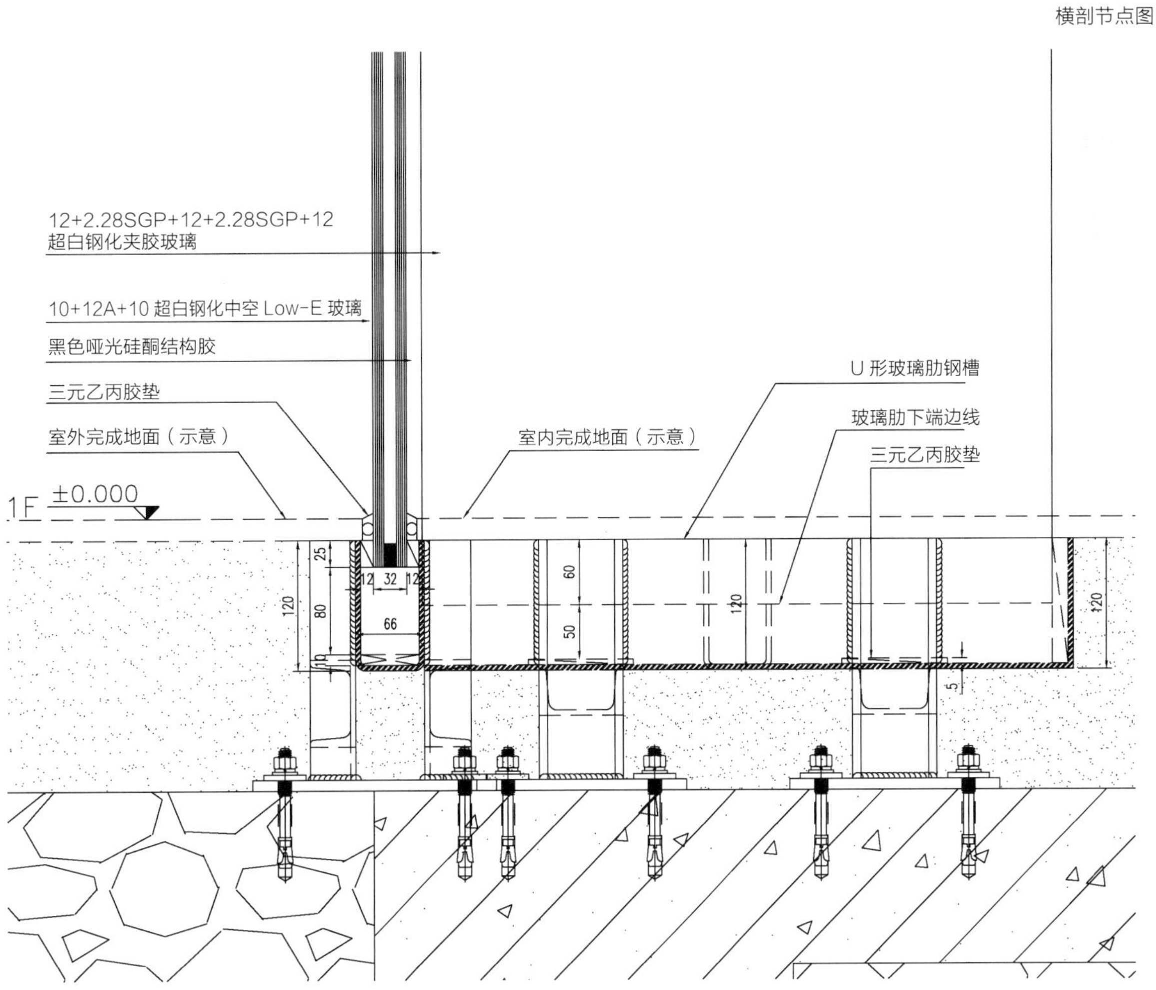

下口入槽节点图

夹胶玻璃中间膜采用的是 SGP 膜，而非 PVB 膜，SGP 膜的撕裂强度是一般 PVB 膜的 5 倍，硬度是 PVB 膜的 30 ~ 100 倍。

低变形率时，SGP 膜夹层玻璃表现为弹塑料特性，而 PVB 膜为超弹塑性；高变形率时，PVB 膜变硬并具有弹塑料特性，SGP 膜在整个范围内刚性较高。同其他中间膜夹层玻璃相比，SGP 夹层玻璃有更高的强度性能和刚性，能有效地减少玻璃厚度，特别是有益于点式支撑玻璃。H.P.Whitc 实验室和标准国家研究所的性能测试表明，用相同厚度的 SGP 膜制成的夹层玻璃和聚碳酸酯制成的夹层玻璃性能相当。SGP 膜夹层玻璃具有更好的保安防范性能。比如采用 2.3mm 厚的 SGP 膜制成的夹层玻璃能成功抵挡高达 200kPa（30psi）过压的爆炸。

全玻幕墙的细部设计

吊挂处的玻璃吊夹个数应根据吊夹的承载能力、中空玻璃的局部承压情况计算。在安装吊夹时，吊夹夹板与玻璃间应设置无纺布，增加铜夹板与玻璃间的摩擦系数。拧紧吊夹夹紧螺栓时，应采用扭矩扳手，根据计算的力矩操作，既不能过分拧紧压坏中空玻璃或使中空玻璃局部变形、凹陷，也不能扭矩不够，达不到预紧力，导致玻璃从夹具中滑出。吊挂钢架处还应设置横向的刚性传力构件。

玻璃肋开孔处的设计：玻璃开孔需要解决开孔处的应力集中及玻璃的局部承压问题。面板分格 2160mm × 5300mm，玻璃厚度 20mm，重量达 586kg。这种玻璃对玻璃肋的局部压力较大。玻璃肋的开孔大小及数量应根据计算确定，并留有足够的富余量，确保玻璃肋的安全。玻璃开孔周边需倒 1mm 角，并打磨到精磨的要求。最大限度减少应力集中。不锈钢夹板与玻璃肋连接轴采用不锈钢销轴，未采用螺栓，避免了螺栓螺牙对玻璃的影响。销轴与玻璃间设置了 3mm 厚的尼龙套筒，使销轴与玻璃柔性连接，避免了硬性接触。不锈钢夹板与玻璃间采用 2mm 厚的三元乙丙橡胶垫片，避免硬性接触。

玻璃肋底部入槽的设计：玻璃肋底部采用入槽设计，避免玻璃边部受到碰撞。钢板槽底与玻璃底部预留 80mm 的缝隙，不设置橡胶垫块，使玻璃肋及面板玻璃由温度、自重产生的变形能够释放。玻璃与槽口边的距离预留 12mm，设置弹性的橡胶垫块，可以适应玻璃变形的要求，避免与钢槽边碰撞。

超长玻璃肋的吊装设计：长度为 14.18 m 的玻璃肋共 21 块，每一块玻璃肋将近 800 kg。采用 25 t 汽车吊和升降高度 28 m 的高空作业车吊装，两台机器协调配合施工。由于玻璃属于脆性材料，为防止吊装过程中玻璃弯曲破坏，设计了一个长度为 13m 的钢架。其面层铺满胶皮，以防止玻璃破碎。由于吊车和高空作业车机器灵敏度不够，在顶端安装 3 t 的手动葫芦，用来配合玻璃肋就位和调整。

技术难点及技术创新点

大玻璃幕墙超长玻璃肋施工

特点、难点技术分析

本工程全玻幕墙面板采用 10+12A+10 双钢化中空 Low-E 玻璃，水平分格为 2160mm，竖向分格有 4700mm、5300mm、4000mm 三种分格，全玻幕墙完成面高度为 14m。

解决的方法及措施

全玻幕墙面板玻璃采用 8mm 厚不锈钢托板托住，不锈钢托板焊接于竖向不锈钢夹板上；不锈钢夹板厚度为 10mm，两块，采用 2×M24 对穿螺栓固定于玻璃肋；玻璃面板与玻璃肋间采用硅酮结构胶固定。玻璃肋为 12+2.28SGP+12+2.28SGP+12 超白三片钢化夹胶玻璃，玻璃肋胶片由 PVB 替换为 SGP 胶片。

大玻璃幕墙超长不锈钢玻璃肋施工工艺

施工工艺流程

搭设脚手架→放线定位→上部承重钢构安装→下部和侧边钢构安装→玻璃安装→注胶→清理验收

搭设脚手架 由于不同施工程序有不同的需要，施工中搭建的脚手架也需满足不同的要求。

放线和制作承重钢结构支架时，应搭建在幕墙面玻璃的两侧，方便工人在不同位置进行焊接和安装等作业。

安装玻璃幕墙时，应搭建在幕墙的内侧。要便于玻璃吊装斜向伸入时不碰脚手架，又要使站立在脚手架上下各部位的工人都能很方便地握住手动吸盘，协助吊车使玻璃准确就位。

玻璃安装就位后注胶和清洗阶段需在室外另行搭建一排脚手架。由于全玻璃幕墙连续面积较大，室外脚手架无法与主体结构拉接，所以要特别注意脚手架的支撑和稳固，可以用地锚、缆绳和用斜撑的支柱拉接。

施工中各操作层高度都要铺放脚手板，顶部要有围栏，脚手板要用铁丝固定。在搭建和拆除脚手架时要格外小心，不能从高处向下抛扔钢管和扣件，防止损坏玻璃。

定位放线

定位放线的流程为：熟悉图纸→放线准备→依据主体控制轴网引点→打水平及高层控制线→找出上口吊点三维坐标点→吊线定位下口玻璃槽→检查垂直度→拉水平线→检查水平线的误差→调整误差→进行水平分格→复核水平分格→固定垂直线→检查所有放线的准确性→重点检查洞口、收口部位放线情况→测量放线。

幕墙定位轴线的测量放线必须与主体结构的主轴线平行或垂直，以免幕墙施工和室内外装饰施工发生矛盾，造成阴阳角不方正和装饰面不平行等缺陷。

要使用高精度的激光水准仪、经纬仪，配合用标准钢卷尺、重锤、水平尺等复核。对高度大于 7m 的幕墙，还应反复 2 次测量核对，以确保幕墙的垂直精度。要求上、下中心线偏差小于 1 ~ 2mm。

测量放线应在风力不大于 4 级的情况下进行，对实际放线与设计图之间的误差应进行调整、分配和消化，不能使其累积。通常以适当调节缝隙的宽度和边框的定位来解决。如果发现尺寸误差较大，应及时反映，以便对下单及时调整。

放线定位时，全玻璃幕墙是直接将玻璃与主体结构固定，应首先将玻璃的位置弹到地面上，然后再根据外缘尺寸确定锚固点。放线操作要点为，对吊夹吊点定位一定要准确，必须保证吊点的直线度；放线阶段误差控制在 ±1.0mm 以内，如边部可调节尺寸有大的出入，要与设计师联系，做好详细的放线记录，以便设计师及时调整分格。

上部承重钢构安装

注意预埋件或锚固钢板要牢固，选用的锚栓质量要可靠，锚栓位置不宜靠近钢筋混凝土构件的边缘，钻孔孔径和深度要符合技术规定，孔内灰渣要清除干净。

每个构件安装位置和高度都应严格按照放线定位和设计图纸

要求确定。最主要的是承重钢横梁的中心线必须与幕墙中心线相一致，并且椭圆螺孔中心要与设计的吊杆螺栓位置一致。内金属扣夹安装必须通顺平直。要分段拉通线校核，对焊接造成的偏位要调直。外金属扣夹要按编号对号入座试拼装，同样要求平直。内外金属扣夹的间距应均匀一致，尺寸符合设计要求。所有钢结构焊接完毕后，应进行隐蔽工程质量验收，验收合格后再涂刷防锈漆。

钢龙骨整体吊装。要严格按照放线定位和设计标高施工，所有钢结构表面和焊缝刷防锈漆。在每块玻璃的下部都要放置不少于 2 块氯丁橡胶垫块，垫块宽度同槽口宽度，长度不应小于 100mm。

玻璃安装、玻璃吊装

再一次检查玻璃的质量，尤其要注意玻璃有无裂纹和崩边，吊夹铜片位置是否正确。用干布将玻璃表面的浮灰抹净，用记号笔标注玻璃的中心位置。

在玻璃吊夹处，将铜片用环氧树脂胶固定于夹具受力部位，等环氧树脂胶干硬后再进行吊装工作。

安装电动吸盘机，电动吸盘机必须定位，左右对称，且略偏玻璃中心上方，使起吊后的玻璃不会左右偏斜，也不会发生转动。玻璃吸盘的规格及数量必须根据玻璃板块的规格尺寸及重量通过计算后进行选择。

试起吊。电动吸盘机必须定位，应先将玻璃试起吊，将玻璃吊起 2 ~ 3cm，以检查各个吸盘是否都牢固吸附于玻璃。

在玻璃吊夹处，将铜片用环氧树脂胶固定于夹具受力部位，等环氧树脂胶干硬后再进行吊装工作。

在要安装玻璃处上下边框的内侧粘贴低发泡间隔方胶条，胶条的宽度与设计的胶缝宽度相同。粘贴胶条时要留出足够的注胶厚度。

玻璃就位

吊车将玻璃移近就位位置后，采用电动葫芦进行吊装，吊装过程中，在吊装区域拉隔离带保证安全范围。

在玻璃肋安装过程中，由于上部玻璃肋高度较高，玻璃肋的侧向失稳严重，因此在吊装过程中，在脚手架上采用双钢管来固定玻璃肋，同时在钢管表面包覆废布，避免钢管划伤玻璃表面。

当上下玻璃肋对接时，不锈钢板上的对穿螺栓与玻璃孔处采用 3mm 的三元乙丙橡胶套管将螺栓与玻璃隔离开，避免硬接触。

玻璃定位。安装好玻璃吊夹具，吊杆螺栓应放置在标注于钢横梁上的定位位置。反复调节杆螺栓，使玻璃提升并正确就位。第一块玻璃就位后要检查玻璃侧边的垂直度，以后就位的玻璃只需检查与已就位的玻璃上下缝隙是否相等，且符合设计要求。

安装上部外金属夹扣后，填塞上下边框外部槽口内的泡沫塑料圆条，使安装好的玻璃能临时固定。

注　　胶　所有注胶部位的玻璃和金属表面都要用丙酮或专用清洁剂擦拭干净，不能用湿布和清水擦洗，注胶部位表面必须干燥。沿胶缝位置粘贴胶带纸带，防止硅胶污染玻璃。注胶时应内外双方同时进行，注胶要匀速、匀厚，不夹气泡。注胶后用专用工具刮胶，使胶缝呈微凹曲面。注胶工作不能在风雨天进行，防止雨水和风沙侵入胶缝。另外，注胶也不宜在低于5℃的低温条件下进行，温度太低胶液会流淌，延缓固化时间，甚至会影响拉伸强度。

耐候硅酮嵌缝胶的施工厚度应为 3.5 ~ 4.5mm，太薄的胶缝对保证密封质量和防止雨水不利。胶缝的宽度通过设计计算确定，最小宽度为 8mm，常用宽度为 10mm，受风荷载较大或地震设防要求较高时，可选择 12mm。

清理验收　将玻璃内外表面清洗干净。 再一次检查胶缝并进行必要的修补。

钢结构安装完成示意图

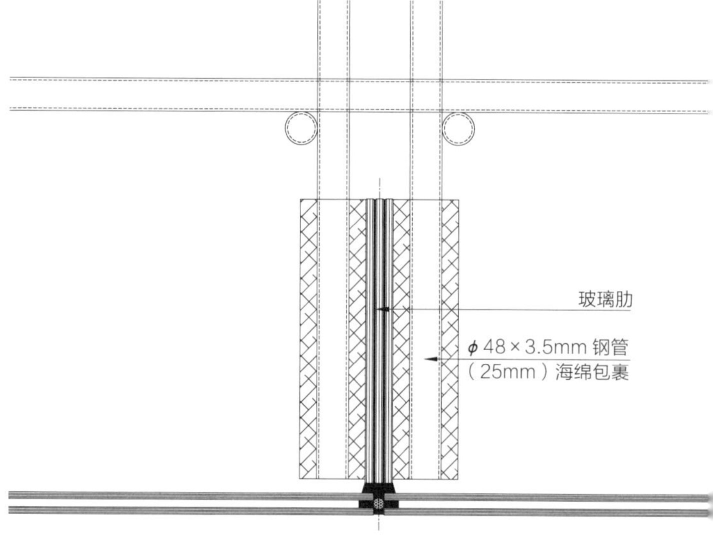

螺栓与玻璃隔开示意图

主入口玻璃幕墙实景

室内工程

INDOOR ENGINEERING

敦煌丝绸之路国际会展中心

项目地点

甘肃省敦煌市文博东路1713号，南邻AAAAA级景区鸣沙山月牙泉，距离城区直线距离3km，314省道南侧

工程规模

建筑面积126000m^2，地上5层，建筑高度39.7m，精装修，造价5亿元

建设单位

敦煌文化产业示范园区管理委员会

开竣工时间

2015年12月—2016年7月

获奖情况

2016年中国最具创新力国际会展中心、2016年度中国会展产业金手指奖、2017年金五星优秀会展场馆奖、2017年度中国会展（会奖）产业年度金手指奖·最具影响力会展场馆品牌奖、2017年度中国十佳优秀会展中心、2018荣获“改革开放40年，40个品牌会展场馆”大奖

社会评价及使用效果

敦煌丝绸之路国际会展中心将凭借敦煌在丝绸之路中的独特区位，充分发掘敦煌丝路文化、飞天文化和莫高窟文化等中华传统文化的厚重底蕴，打造中华文化和华夏文明的重要传播平台，创立丝绸之路国际文化博览会永久性会址、敦煌丝绸之路永久性会址和世界佛教论坛会址，为甘肃创建华夏文明传承创新示范区发挥示范引领作用

敦煌丝绸之路国际会展中心外景

设计特点

项目是以会议展览、大型演艺、文化体验为主的文化旅游综合体，是敦煌国际文化旅游名城建设的战略性支撑项目。项目由三栋建筑构成，主体会议中心兼具开幕仪式、国际会议、新闻发布和国宴餐饮等功能。两侧建筑为展览中心，以展览和商业为主。

以博大的敦煌汉唐文化精髓为设计出发点，以简洁现代的设计风格为主基调，以丝绸之路沿线重要文明为补充，运用现代的材料、工艺和表现手法，营造出简洁、现代而又汉唐风韵浓郁、恢宏大气的场馆。

在设计思想上，在“大国崛起，丝路重启”的时代背景下，设计注重吸收中国汉唐建筑文化精华，体现传统文化的传承和对敦煌海纳百川、兼容并包、世界大同的文化理想的延续。注重功能配置合理、实用，设施完备、先进，风格简洁、大气，具有明显的敦煌文化特色。在造型上，以“斗拱藻井”为主要设计元素。“斗拱”，斗满盛，拱（弓）蓄势，寓意富强。富强，君之所求，民之所望也。“方斗”“藻井”造型，古朴端庄，交会包容和谐，再现了丝绸之路文化交融盛景。

在色彩上，敦煌茫茫大漠和雅丹地貌的色彩，是项目主题色提取的源泉。

斗拱

拱（弓）

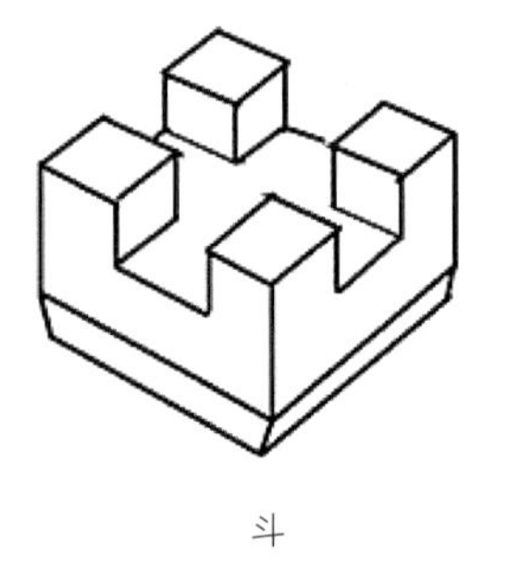

斗

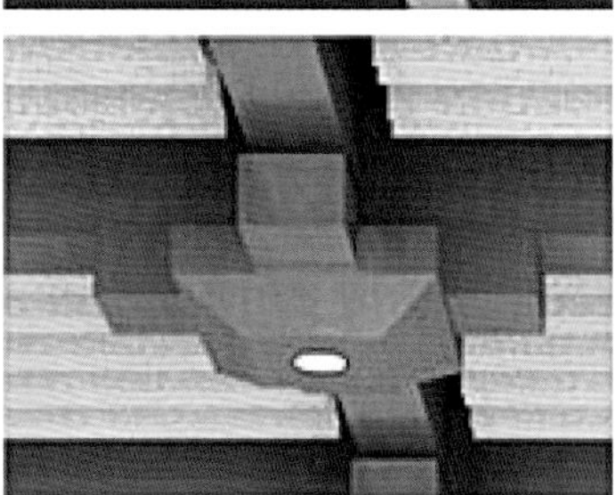

工艺介绍

敦煌丝绸之路国际会展中心分为地下 1 层和地上 4 层，共有大中型会议厅（室）23 个，室内配有视频显示、签到表决、同声传译、视频跟踪等可与 G20 峰会、APEC 峰会会议系统相媲美的高端设备，可接待 6000 人规模的国际会议、新闻发布会、学术报告会、国宴晚会、企业活动等。

木纹铝板斗拱

设计

运用古建筑中的斗拱、藻井和祥云图案，以现代表现手法对材料工艺加以应用，营造出简洁、现代而又不失汉唐风韵、恢宏大气的迎宾场所。

材料

本区域吊顶柱头为斗拱造型，面层材料为木纹材料，根据消防规范要求，公共区域吊顶装饰饰面防火等级应为 A 级，常规木饰面材料无法满足要求。经过比选最终选定采用木纹转印铝板技术。

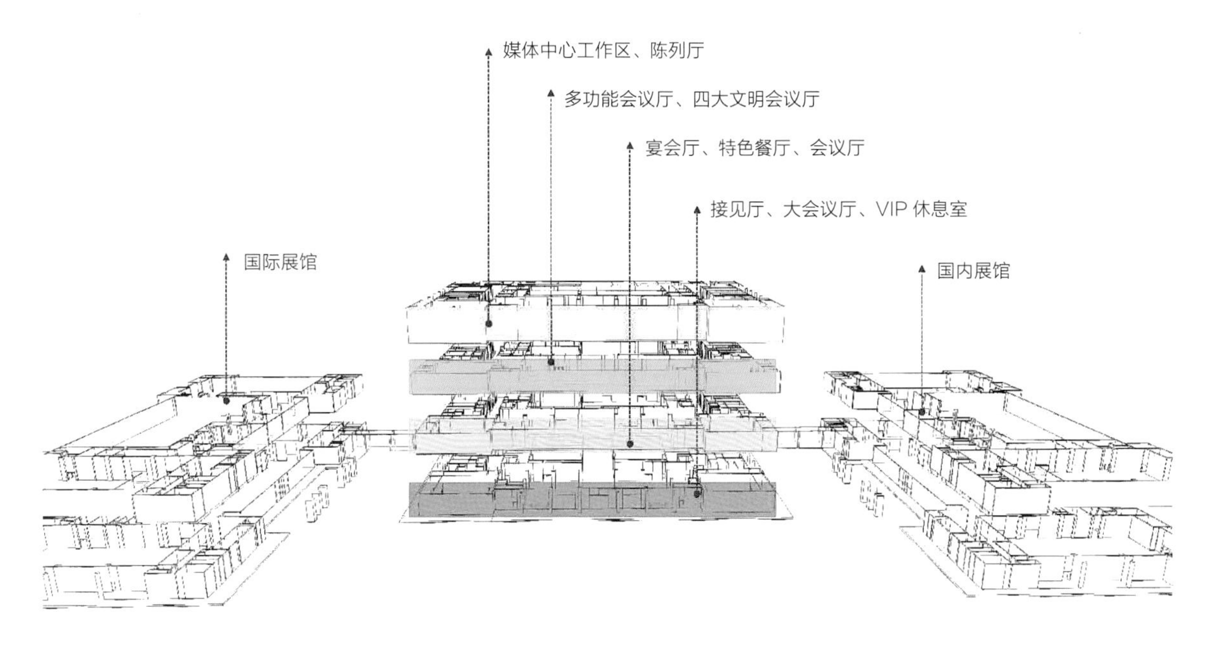

立体功能分析图

主入口大厅（17m×47m，层高 20m）

特点、难点技术分析及解决的方法措施

本工程工期紧，工程量大，要求质量高，采用传统施工方式难以保证项目如期完工。采用业内大力推广的新型建筑装配式技术，前期经过现场精确的测量放线，在与深化施工图核实尺寸后根据要求进行深化排版，并对各板块进行编号，然后将施工计划交由加工厂进行大规模的工厂化生产，板块到现场之后直接根据深化设计排版图对号入座进行安装。这种工厂化加工、现场安装的装配式技术不但大大缩短了施工周期，提高了生产效率，同时也避免了现场加工、裁切带来的材料浪费和环境污染等问题。

木纹铝板斗拱柱头安装工艺

测量放线 根据楼层标高线，用尺竖向量至顶棚设计标高，沿墙、柱四周弹顶棚标高，并沿顶棚的标高水平线，在墙上划好分挡位置线。将测量放线数据反馈给设计，并根据测量数据对铝板进行定尺加工。

基层安装 按弹线位置准确无误地将经过防锈处理的型钢骨架用焊接或螺栓固定在连接件上。安装中应随时检查标高和中心线位置。主龙骨竖向要求垂直，同一墙体面上的龙骨必须在同一平面上，进出误差不大于 ±2mm，垂直误差不大于 ±2mm。

斗拱成型阶段 平板经过裁剪、折边、弯弧、焊接、打磨等工序，加工成施工所需的形状和尺寸，铝板加工时，预留挂接用的孔洞，先进行斗拱成型安装，现场进行预拼装。

木纹转印 斗拱成型无误后进行木纹转印，采用 PUR 贴面机木纹转印机，在粉末喷涂或电泳涂漆的基础上，根据高温升华热渗透原理，通过加热、加压，将转印纸或转印膜上的木纹图案快速转印并渗透到已经喷涂或电泳好的型材上，使生产的木纹型材纹理清晰，立体感强，更能体现木纹的自然感觉，转印完成后进行编号处理。

现场安装阶段 现场检查转印铝板，无缺棱掉角构件，将挂件固定在基层上，调整好位置，转印铝板斗拱，通过挂件固定，保证安装的稳定性。

木纹铝板斗拱柱头的优势主要体现在以下几个方面

选用铝板作基材，质量轻，强度高，满足了空间的防火要求。由于是仿古建中木斗拱效果，故采用先进的转印技术，使木纹的质感纹理清晰自然，并且具有一定的真实木纹凹凸关系，达到了以假乱真的目的。

采用工厂化生产、现场安装的装配式技术，加快了工期进度，其节省工程工期的核心就在于：首先，构配件工厂化生产加工的过程中，现场可以同步进行基层或其他面层施工；其次，装配式施工对深化设计要求高，装配式构件及其他面层的空间关系、安装结构形式、配合收口等均需提前沟通协调完成后方可进行图纸深化及后续下单工作，因此下单基本保证准确，除人为破坏外不存在任何返工风险，构配件到现场之后，现场施工人员直接根据深化设计排版图进行安装即可，大大提高了现场的操作效率，相较于传统工艺整体加快工期 30%，保障了项目的进度。

同类材料工艺空间

可容纳 3000 多人的国际会议厅，是举办开幕式、国际论坛和国际圆桌会议的主会场，将古朴敦厚的汉唐柱梁斗拱元素加以演化和提炼，在大厅的顶部和立面适当予以运用，同时结合简洁明快的藻井造型，使整个空间庄重又不乏明快舒适之感。

国际会议厅（3415m²，层高 18m）

木纹铝板覆斗式藻井

设计

采用现代的材料、工艺对敦煌莫高窟的覆斗式藻井进行诠释。该类空间在项目中数量较多，将在不同的空间对设计元素和手法加以变换。

材料

纹铝板覆斗式藻井，木纹铝方通。

木纹铝板覆斗式藻井优势分析

选用铝板作为基材，质量轻，强度高，满足了空间的防火要求。

多功能（中式）会议厅（18m×12m，层高 4.5m）

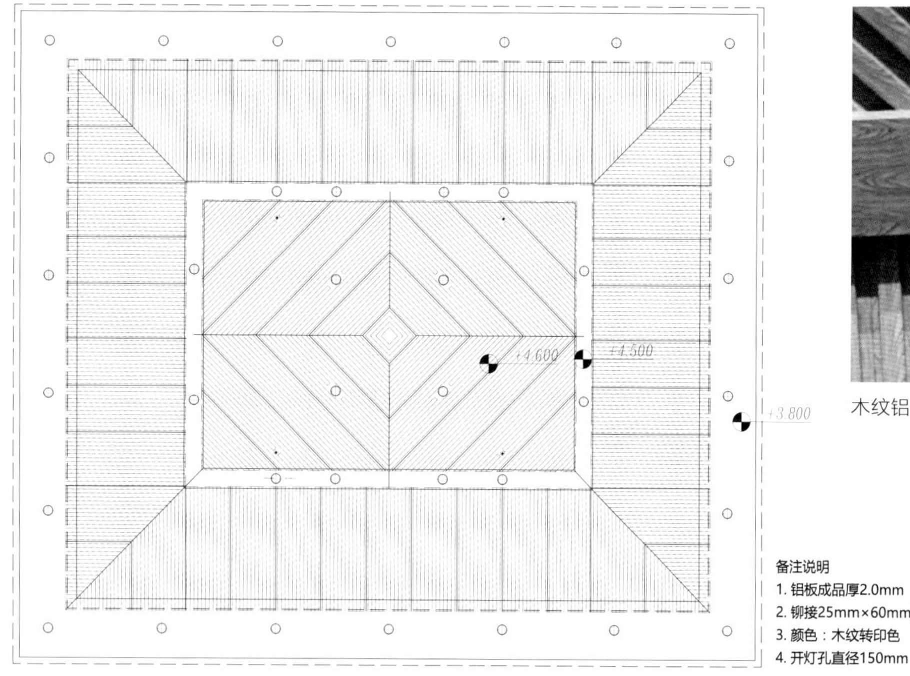

木纹铝板顶棚示意图

木纹铝板顶棚细部实景

由于是仿古建中的木式藻井效果，故采用木纹转印技术，使木纹的质感纹理清晰自然，达到以假乱真的目的。采用工厂加工、现场拼装的装配式施工方式。由于覆斗式藻井在空间正中心位置，四周是石膏板吊顶（灯槽）围边，因此中心藻井采用提前定尺加工方式，将余量放在四周石膏板围边处，这样就不必等现场测量放线后再深化加工图及进行工厂加工，大大缩短了施工周期。

木纹铝板覆斗式藻井安装工艺

图纸阶段→铝方通成型阶段→木纹转印阶段→现场放线定位→现场基层吊杆龙骨安装→现场铝板藻井安装→竣工验收

测量放线

用水准仪在室内每个墙、柱、角上抄出水平点，若墙体较长，中间也应适当抄几个点，弹出水准线，水准线距地面一般为500mm，从水准线量至吊顶设计高度，用粉线沿墙、柱，弹出水准线，即为吊顶格栅的下线。

同时按吊顶平面图在混凝土顶板弹出主龙骨的位置。主龙骨应从吊顶中心向两边分，最大间距为1000mm，并标出吊杆的固定点，吊杆的固定点间距900～1000mm，如遇到梁和管道固定点大于设计和规程要求，应增加吊杆的固定点。

多功能宴会厅（33m × 30m，层高 10m）

基层吊杆龙骨安装　轻钢龙骨应吊挂在吊杆上，采用 38 轻钢龙骨，间距 900 ~ 1000mm。轻钢龙骨应平行房间长向安装，同时应起拱，为房间短向跨度的 1/200 ~ 1/300。轻钢龙骨的悬臂段不应大于 300mm，否则应增加吊杆。主龙骨的接长应采取对接方式，相邻龙骨的对接接头要相互错开。轻钢龙骨挂好后应基本调平，龙骨安装时，要注意调平；但超过 4m 跨度或较大面积的吊顶安装时要适当起拱；跨度大于 12m 以上的吊顶，应在主龙骨上每隔 12m 加一道大龙骨，并与垂直主龙骨焊接牢固。

转印铝板加工　采用 PUR 贴面机木纹转印机，在粉末喷涂或电泳涂漆的基础上，根据高温升华热渗透原理，通过加热、加压，将转印纸或转印膜上的木纹图案快速转印并渗透到已经喷涂或电泳好的型材上；使生产的木纹型材纹理清晰，立体感强，更能体现木纹的自然感觉，转印完成后进行编号处理。

现场铝板藻井安装　所有龙骨调整完毕，采用螺栓连接方式将铝板固定在基层龙骨上。过程中检查铝板的表面平整度、接缝直线度、接缝高低差等。

GRG 顶棚造型

设计

作为举办以宴会为主的多功能场所，以简化的柱梁斗拱组合作为吊顶造型，辅以中式窗格元素构成的立面，营造出庄重而温馨的空间氛围。

材料

GRG 顶棚造型，木纹铝板斗拱造型，木花格，布艺全拼吸声板，手工地毯。

GRG 顶棚造型优势分析

无限可塑性：产品是根据图纸转化成生产图，先做模具，采用流体预铸式生产方式，因此可以做成任意造型。

自然调节室内湿度：GRG 板是一种有大量微孔结构的板材，在自然环境中，多孔体可以吸收或释放出水分，形成“呼吸”作用。这种循环变化起到调节室内相对温度的作用，给空间创造了一个舒适的小气候。

质量轻，强度高：GRG 产品平面部分的标准厚度为 3.2 ~ 8.8mm（特殊要求可以加厚），每平方米重量仅 4.9 ~ 9.8kg，能减轻主体建筑重量及构件负载。GRG 产品强度高，断裂荷载大于 1200N，超过 JC/T 799—1998（1996）标准中装饰石膏板断裂荷载 118N 的 10 倍。

声学效果好：4mm 厚的 GRG 材料，可透过 500Hz 23dB/100Hz 27dB；气干比重 1.75，符合专业声学反射要求。经过良好的造型设计，可构成良好的吸声结构，达到隔声、吸声的作用。

GRG 顶棚造型安装工艺

测量放线 结合原始结构施工图，采用全站仪、钢尺、线锤等测量工具，将纵横两个方向的轴线测设到建筑物的顶棚、墙面、台口、隔断等需要安装 GRG 板的部位上去。轴线宜测设成方格状，如原图轴线编号不够，可适当增加虚拟的辅助轴线。方格网控制在 3m × 3m 左右（弧形轴线测设成弧线状）。测设完成的轴线用墨线弹出，并标出醒目的轴线编号，不能弹出的部位可将轴线控制点引伸或借线并做标记。轴线测设的重点应该是起点线、终点线、中轴线、转折线、洞口线、门边线等具有特征的部位，作为日后安装的控制线。

基层施工 对以 GRG 作为吊顶饰面材料的，吊杆通过螺栓与转接件连接固定。安装时，在吊杆与两侧转接件相接触面放置柔性垫片，穿入连接螺栓，并按要求垫入平、弹垫，调平，拧紧螺栓。立柱之间完成竖骨料的安装，再进行整体调平。

GRG 板块安装 仔细核对对到场 GRG 板的编号和使用部位，利用现场测设的轴线控制线，结合水平控制标高，进行板块的粗定位、细定位、精确定位三个步骤，复测无误后安装下一块，安装的顺序宜以中轴线往两边进行，以将出现的误差消除在两边的收口部位。板材调整用 C 形夹，夹住两片板调整平整度，调整好后对敲螺丝固定锁紧；根据综合点位布置图开末端孔位。

质量控制 GRG 表面的喷涂处理，首先进行批嵌即底漆处理，然后再喷面漆。要求成品 GRG 表面光滑，无气泡及凹陷处，色泽一致，无色差；主钢架安装牢固，尺寸位置均符合要求，焊接符合设计及施工验收规范；GRG 吊顶表面平整，无凹陷、翘边、蜂窝麻面现象，GRG 板接缝平整光滑；GRG 背衬加强肋吊顶系统连接安装正确。

同类材料工艺空间

同类材料工艺的空间有多功能（印度）会议厅、伊斯兰多功能会议厅等。

多功能（印度）会议厅（18m × 12m，层高 4.5m）

伊斯兰多功能会议厅

清真包房 GRG 造型

成品木饰面挂板

材料

成品木饰面挂板，布艺全频吸声板，大理石，手工地毯，GRG 造型，木花格。

成品木饰面挂板装配式施工工艺

施工工艺流程：弹线分格→安装 75 轻钢龙骨基层 / 钢架基层→铺钉基层石膏板→填充填充物→贴饰面板、钉收边线条

中餐厅包房

弹线分格 依据现场总包移交的控制轴线及 100cm 水平线，按设计图纸在地面排版，弹出平面完成线，在墙上弹出钢龙骨的立面分档线。

安装 75 轻钢龙骨基层 / 钢架基层 根据地面完成面线量出角码出墙尺寸，在保证角码与竖向方管焊接宽度不少于 30mm 的情况下，尽量统一下料。

根据排版图纸定位竖向方管位置，用 ϕ 12mm 冲击钻在相应的点位开孔，孔深不小于 80mm，用 ϕ 8mm × 100mm 膨胀螺栓固定 200mm × 150mm × 8mm 铁板于剪力墙、混凝土地面及结构柱、梁上，每个铁板必须用 4 颗膨胀螺栓固定牢固。在铁板上安装两根横拉角码，安装采用焊接方式，所有焊接作业必须遵循点焊完成后再满焊的原则。

随后在两根横拉角码之间安装竖向 80mm × 60mm × 5mm 方管，采用焊接方式安装，安装竖龙骨应先与一边角码满焊完成后，用红外线校正竖骨垂直度后再与另一边角码满焊。

所有焊接作业完成后，对所有焊接部位用钉锤敲除焊渣、涂刷防锈漆及银粉漆。

铺钉基层石膏板 用 25 自攻螺钉将石膏板固定在钢龙骨架上，钉距在 200mm 左右，略进入板内 1mm，按设计要求钉收边线条。贴饰面板、钉线等，先挑选面板及线条，确保面板、线条无色差、纹路一致。

挂贴饰面板、钉收边线条 按照排版图纸在基层板上弹出分格线，用气枪钉从侧面将木饰面板固定在基层板上，因现场地面工程均未完成，必须用裁好的木条或木方进行下部临时承托，所有饰面板的安装必须牢固，饰面板安装完成后，再按照设计要求用玻璃胶粘贴不锈钢条，扣装于饰面板的阳角处。

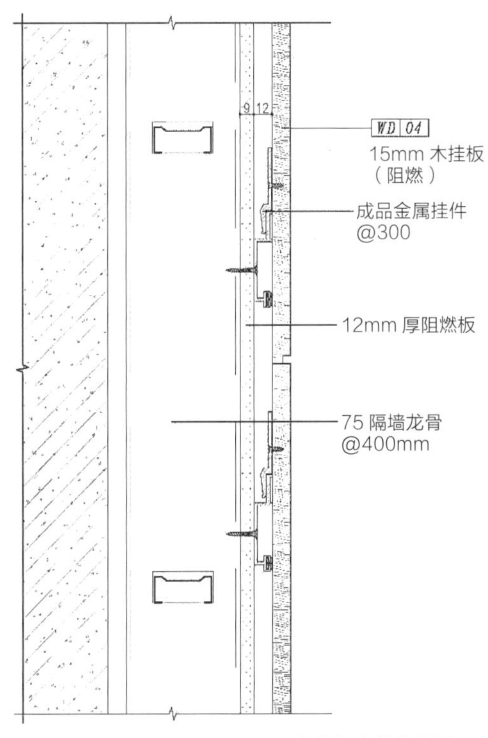

木挂板安装节点图

基层施工

ICON · 云端
中国—欧洲中心

项目地点

四川省成都市高新区南部园区天府软件园片区，天府大道与锦江交汇处

工程规模

总建筑面积约 210000m²，总投资约 30 亿元

建设单位

成都高新投资集团有限公司

设计单位

中国建筑西南设计研究院有限公司

开竣工时间

2015 年 12 月—2016 年 5 月

社会评价及使用效果

项目由 192m 的超高层综合体——云端塔、可容纳千人的天府音乐厅以及高端临江住宅三个主要功能区构成，“城市地标建筑”“音乐艺术殿堂”，ICON·云端以其优雅挺拔的形态、超凡脱俗的气质，肩负起了承载“中国—欧洲中心”这一国家级经贸文化交流平台的重大责任

ICON·云端中国—欧洲中心鸟瞰效果图

设计特点

建筑是凝固的音乐、交流的容器、文化的载体，ICON・云端项目的设计从意境的创造切入，强调使用体验，通过全面的技术协调、通力合作，为城市发展增添了浓墨重彩的一笔。

中国—欧洲中心依托于 ICON· 云端打造，内设六大功能区，分别为中欧技术交易中心、欧洲商品展示交易中心、欧洲中小企业孵化中心、欧洲企业总部基地中心、欧洲国际经济发展促进机构办事中心和对欧一站式服务平台。

此外，项目还包括国际公寓、剧院、国际艺术展览、欧洽会永久会场、中欧企业家联合会等功能服务区。通过进一步完善功能布局，这里将形成商贸板块、交易板块、对外服务、公共服务等核心业务，成为国际交往中心的重要载体。

建筑形态设计强调外形与内部空间的有机整合。云端塔裙房和塔楼融为一体，拔地而起，如同冰峰直插云霄。层层退台的造型也带来了从 5000m^2 到 1500m^2 楼层面积的递减，这种梯度变化在满足“中国—欧洲中心”各类完全不同的功能区域布置需求时，表现出了极大的灵活性。体现了几何元素的提炼、多功能空间的连接、色彩与材质的对比、节奏与韵律的统一。

由地面入口步入天府音乐厅，沿弧形楼梯逐级而下，城市的喧嚣逐渐淡去，浮躁的心情也随之平复；白色的弧形片墙将候场区化整为零，营造出一个流动的艺术展示、交流聚会空间；南北两侧自然形成的下沉庭院不仅满足了地下观演建筑的消防疏散要求，也将阳光引入地下，呈现出庭、院交织于一体的景象。音乐厅内创造性地采用了“梯田环绕式”与“非对称鞋盒”相结合的声学基本体型，近千张蓝色的座椅组合成片，浮于浅木色的缓坡之上。作为重要反声面的楼座栏板采用了几何折面与如同粼粼水波般的顶面顶棚刚柔相济，实现了视觉与听觉的完美结合，诠释了经典音乐艺术超凡脱俗的精神性和艺术感。

欧盟中心的室内装饰是建筑的延续，提炼建筑外立面的曲线造型化为抽象的几何形态，并将这个元素应用到室内空间的装饰中，既与建筑产生密不可分的联系，又象征着中方对欧盟的欢迎和包容，隐喻欧盟中心在我国美好的发展前景。同时，在室内产生韵律复合空间，用这种元素把不同功能的空间连接起来，犹如韵律有规则的

中庭效果图

变化，强调整个空间的联系。通过色彩与材质的对比，以及元素有规律的安排，赋予欧盟中心鲜明的个性。

欧盟的这面“蓝天金星旗”底色为深蓝，中心“十二颗五角金星成一圆环”。“十二”是一个古老的象征——一年有十二个月，一天有十二个时辰，以及希腊神话中有十二个主神等；“圆环”则象征着欧洲各国合作共进。这里以欧盟旗帜为元素，在大厅中央打造半透明蓝色条纹玻璃观光直梯，大厅上部垂挂的“L”造型装饰，隐喻我国对欧盟的欢迎、对欧洲文化的包容。同时，这个造型自由穿梭在建筑空间当中，营造出千变万化的光影美感。

欧洲，一个具有深厚文化底蕴，集传统与现代、艺术与科学的地方，拥有无数个具有魅力的城市。在此打造各类展厅，以富有艺术感的形式展示欧盟特色，给予空间最大的感染力。

空间介绍

音乐厅

主要功能区划分为天府音乐厅及多功能小剧场。地上 2 层，地下 4 层，设有音乐厅、小剧场、视听室、排练厅、演员化妆区、观众候场区等空间，以及设备用房、消防电梯前室等。建筑面积 33321.09m^2。

音乐厅

主要材料构成为地面专用实木运动地板、40 厚檐口及吊顶 GRG 造型木饰面板、反射板（玻璃棉外包玻璃丝布）、灰色大理石（云朵拉灰）过门石。墙面双层 12mm 超大超白钢化玻璃隔断、3mm 厚穿孔板白色氟碳漆（孔径 2.4mm，穿孔率 16%）。顶面白色 GRG 凹凸面不规则造型顶棚、法拉利透声膜、装配式木饰面（白混油色）。

技术难点及创新点概述

特点、难点技术分析：音乐厅白色 GRG 曲线造型吊顶横跨建筑空间 39 m，顶棚与墙面全是白色 GRG，吊顶及墙面的 GRG 安装是音乐厅施工的重点，同时为保证工期，吊顶施工与地面座椅安装不能相互影响。

项目采用三维扫描 / 放线机器人先进设备，同时利用 BIM（Rhinoceros） 软件采集曲面信息，确保 GRG 材料下单、安装精准。

搭设高空间大跨度网架平台进行施工。利用网架搭设操作平台进行基层龙骨和吊顶的安装，通过搭设网架平台，高空间吊顶施工变成普通高度施工，减少了高空操作的危险。由于网架平台的存在，在大跨度、高空间吊顶施工过程中，不采用满堂脚手架，不影响底部空间的使用，空间使用率高，同时不影响墙面和地面的施工。大跨度网架平台的原理与网架屋面类似，荷载通过网架传至柱子，网架屋面的作用力传至柱子的顶端，网架平台的荷载通过杆件传至 U 形钢板抱箍作用在柱子上，保证了平台的稳定性。

3D 扫描仪技术应用流程

校核原有土建钢结构，实时监测变形：导出点云与模型的比对剖面图，测量土建模型与现场结构偏差，调整土建模型，使其真实还原现场尺寸，为装饰建模提供依据;底面平整度或者墙面垂直度分析工具可快速简单地找到最高点和最低点，通过数据分析实时结构变形量。

碰撞检测：土建施工误差导致现场尺寸不满足装饰施工要求，需提前协调解决，拆改土建结构或者调整装饰设计方案。

顶棚曲面异型放线：先将三维扫描的数据与土建模型全部调整到总包提供的绝对坐标系统中，用放线机器人进行打点时，可以通过对之前粘贴的标靶纸的自动识别来

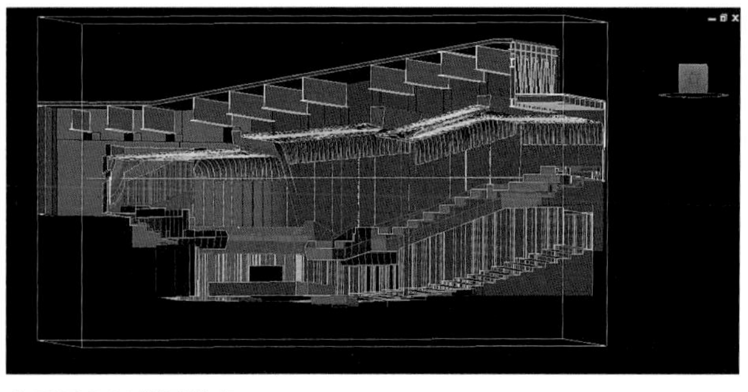
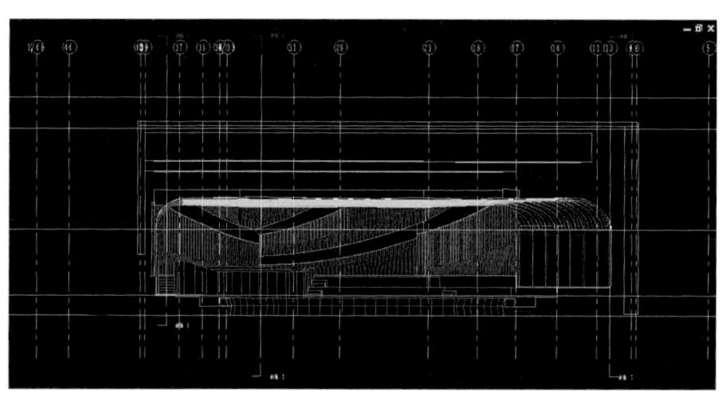

音乐厅 BIM 模型信息

音乐厅 GRG 吊顶现场实景

音乐厅 GRG 吊顶完工实景

吊顶细部

确定当前坐标，进而可以在现场精准确定模型中已标记点的位置，同时可以确保大面积曲面控制线的连续性、流畅性，提升工程质量。

材料下单复核：基层施工完成后可以再做一次三维扫描，获取基层的施工误差数据（在此区间可获得基层施工完成后顶棚变形量），在面层下单时可以指导调整面层或者更改基层，避免安装时才发现问题而延误工期，也可以提升工程质量。

现场数字化：三维扫描的点云可以用配套的 Realworks 软件打开，不仅可以进行全方位浏览，还可以测量现场数据，包括长宽高、面积、体积、角度等。可以将现场的尺寸数据作为进场成本核算的依据；Realworks 软件提供了十几种测量工具，可以方便点云中几何量的测量，如同迅速地将现场实况搬进计算机中；点云文件也可以导出为 IE 浏览器支持的文件格式，可以在浏览器中直接测量现场任意两点之间的实际尺寸；可以记录带有颜色信息的点云，还原施工前中后的现场情况。

A 可以将现场问题在点云中进行批注，将批注数据发给 B，B 可以在该位置的点云中看到该条批注，提高沟通效率；也可以直接截图发送至外部单位协调。

现场施工完毕后可以进行三维扫描，将完工情况记录下来，不仅可以作为竣工结算依据，还可以作为竣工成果交付业主，方便业主管理。

音乐厅的曲面 GRG 吊顶是本工程亮点。顶棚与墙面浑然一体，白色 GRG 曲线造型如“水韵”般虚实迭起，自然木搭配欧洲蓝，不同的质感与韵律相融相生，空间暗藏着中欧“和”的美好寓意。

音乐厅负一层大厅 GRG 包柱

天府音乐厅及多功能小剧场一层大厅延续整体风格，顶面深色金属网搭配地面灰色石材，简约、现代、自然。深色金属网造型与灯光起到方向引导作用，实用且富有变化。

材料为 40mm 厚檐口及吊顶 GRG 造型木饰面板（密度≥ 30kg/m^2)、MLS 反射板（玻璃棉外包玻璃丝布）、双层 12mm 超大超白钢化玻璃隔断（甲级防火）、法拉利透声膜、装配式木饰面（白混油色）、白色 GRG 凹凸面不规则造型。

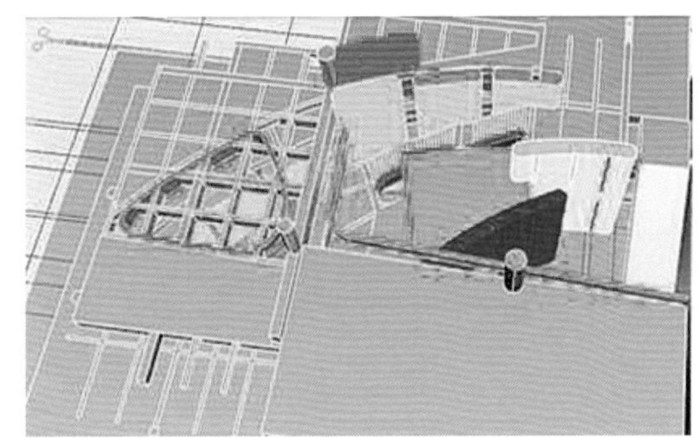
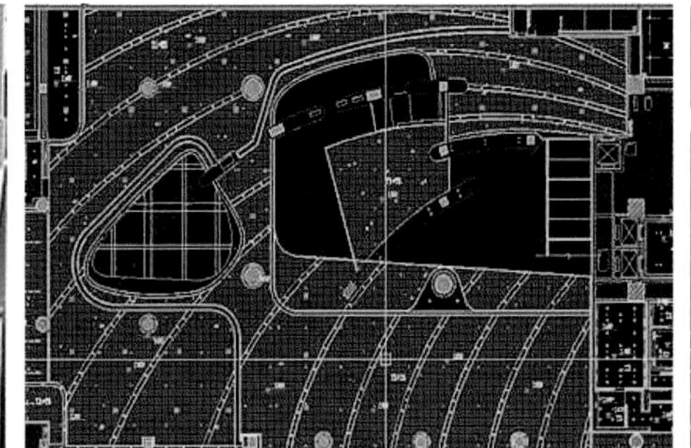

音乐厅负一层大厅模型信息及现场图

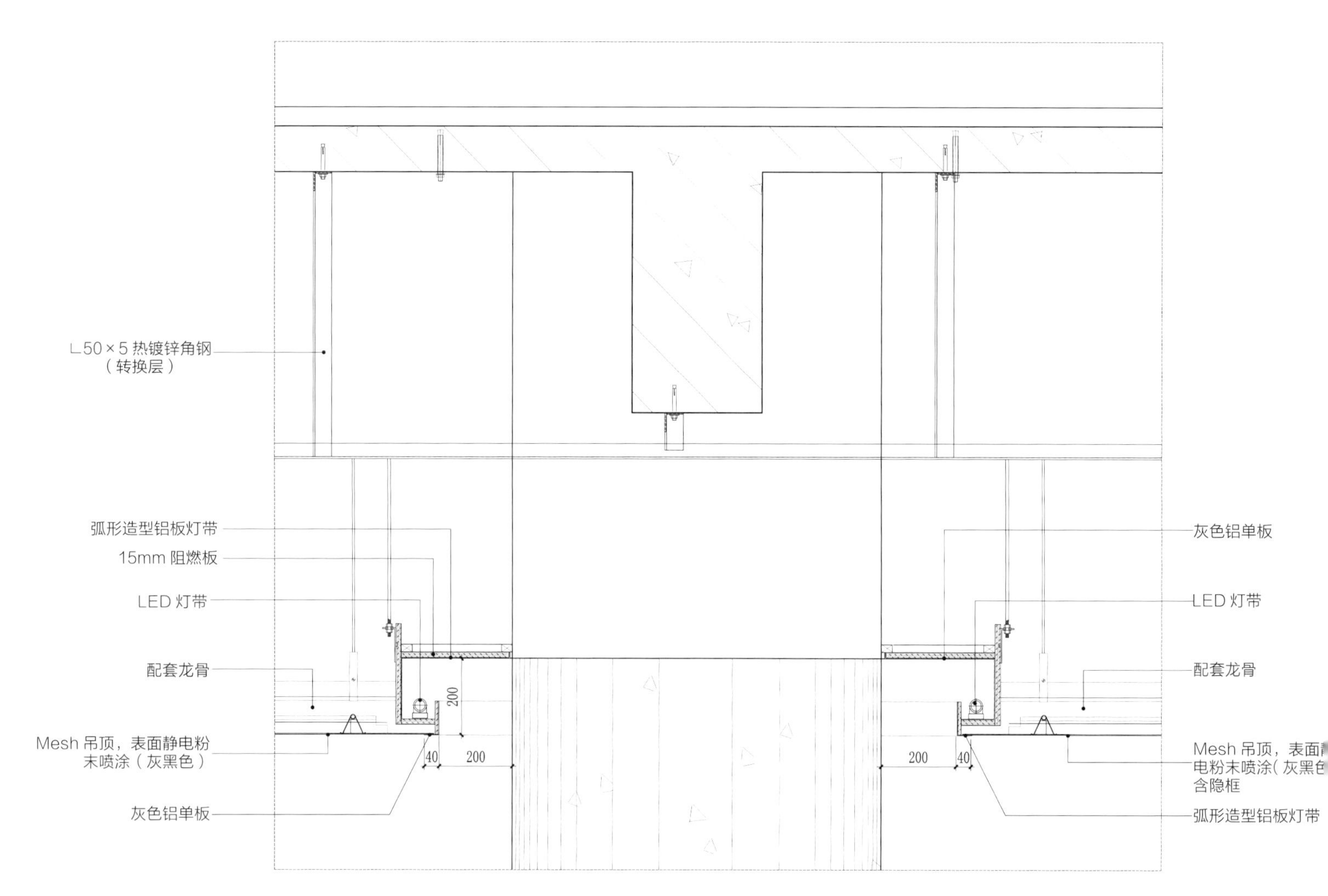

GRG 圆柱示意图

GRG 包圆柱同样采用三维扫描 / 放线机器人先进设备，利用 BIM（Rhinoceros）软件采集曲面信息，确保 GRG 材料下单准确。用 Rhino 曲面模型先虚拟整合，确认与柱面消防管和顶面机电风管等设备无碰撞后，再定基层钢架位置，下单面层材料。

负三层 VIP 接待室

施工工艺简介

天府音乐厅及多功能小剧场负三层 VIP 接待室简约的造型、深咖色木饰面和深灰色手工毯地面，营造出静逸雅致又别具品味的空间氛围。

负三层 VIP 接待室

材料为专用实木运动地板、灰色大理石（云朵拉灰）过门石、硬包、自流艺术壁画、成品玻璃隔断（双层6mm 厚钢化玻璃夹百叶）、2mm 厚定制异形香槟金防指纹镀钛不锈钢板、2mm 厚定制异形香槟金防指纹镀钛不锈钢板。

背景墙面是 VIP 接待室的装饰亮点，木质地板、石材、不锈钢板等多种材料在此墙面上会合，凸凹关系明确，中分结构布置，面层施工前对此墙面的放线定位尤为重要。因为涉及相互交错的灯带，故基层龙骨排布、前凸关系，再到面层完成面线的定位需精确到毫米，避免出现材料搭接不密实、露底漏光等现象。

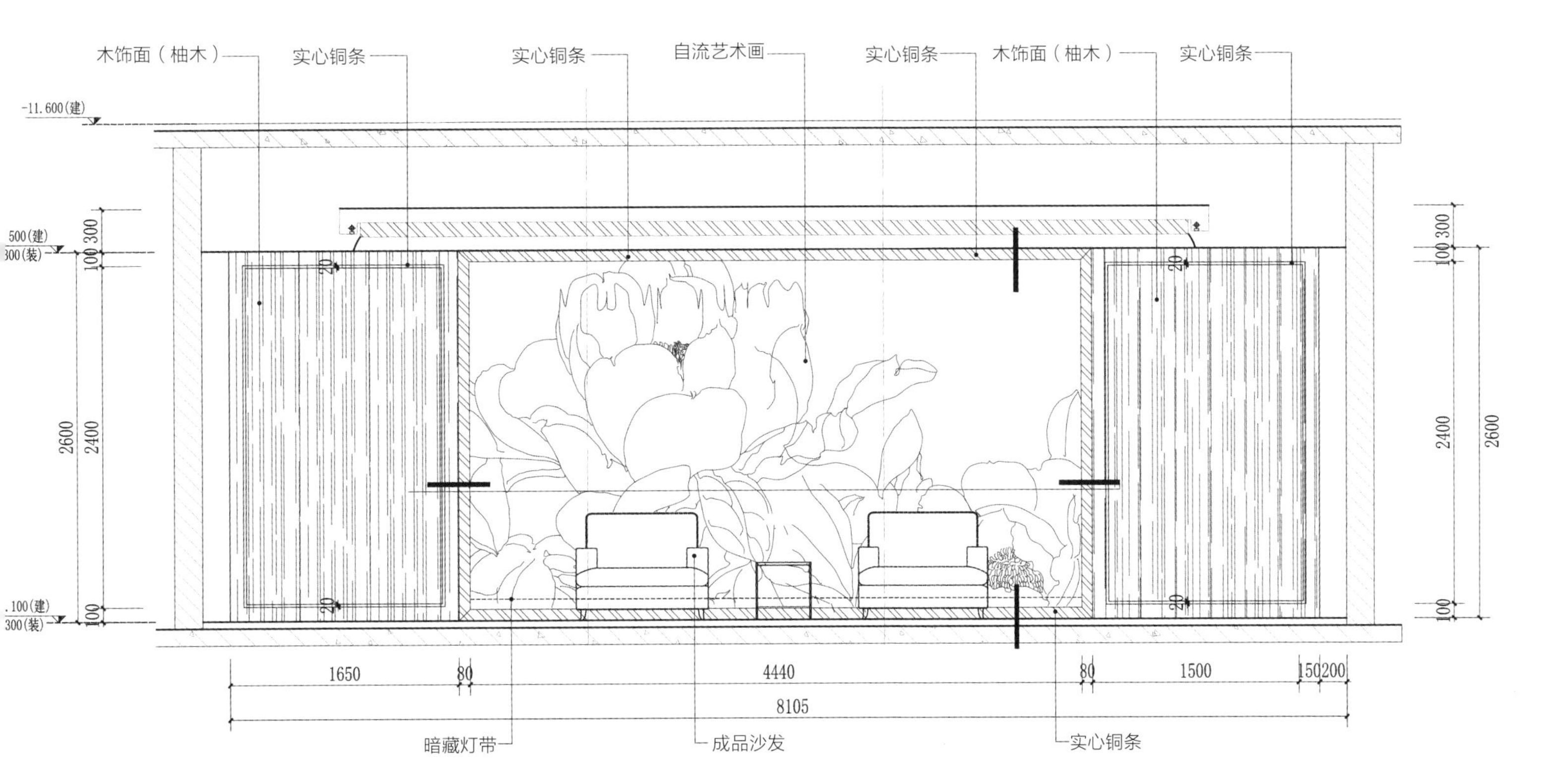

VIP 接待室立面图

巴哈·玛 (Baha Mar) 度假村

项目地点

巴哈马首都拿骚（Nassau）

工程规模

项目占地 400 万 m^2、建筑面积 32 万多 m^2，总投资 36 亿美元

建设单位

巴哈·玛 (Baha Mar) 股份有限公司

设计单位

Dianna Wong Architecture & Interior Design, Inc. /AECOM/MHA Studio/Brent Creary

开竣工日期

2008—2015 年

社会评价及使用效果

巴哈·玛大型海岛度假村是加勒比地区体量及投资规模最大的高质量建筑群，是中国企业走出去发展的一个标志性工程，也是中巴合作的典范，对促进双边经贸合作有积极作用。巴哈·玛大型海岛度假村包括君悦、瑰丽、喜来登在内的豪华品牌酒店（共 2336 间客房），加勒比最大的赌场（9290m^2）和最大的购物商场（5017m^2），一个会展中心（18580m^2），一个 18 洞高尔夫球场及会所等。该项目的开业运营为当地创造了大量就业机会，极大地带动了当地经济的发展

巴哈 · 玛度假村外景

设计亮点

该项目的设计方案凝聚了建筑师的智慧和创意，在强调布局紧凑、高效的同时，彰显了以加勒比风情为主题的热带景观特色。设计实现了中西方文化的结合，给人以焕然一新的感受。该项目类型属于大型娱乐赌场，“中国传统”与“欧洲盛行娱乐”在新普罗维登斯岛北岸相融合，距美国的迈阿密城只有290km。顶棚以欧式曲线、扑克牌图案结合中式雕花图案为元素，金箔、大欧式吊灯彰显奢华、高贵；地面运用大海蓝石材拼花与所在的大海结为一体，再加上具有中国特色的中国“红”地毯。设计元素为中国红和大海蓝、欧式大线条 + 中式格珊、扑克牌花色 + 钥匙、贝壳。中西文化特色在大海中完美结合，以华丽的装饰、浓烈而鲜明的色彩、典雅而精美的造型实现雍容华贵的装饰效果。

技术特点

墙面顶棚造型大面积使用 GRG 材料，形状不规则，造型各异，GRG 材料下单的尺寸精度控制是本工程的重点。解决方法和措施主要有以下几个方面：

通过现场测量返尺，利用计算机辅助设计建立BIM模型，结合管线、喷淋、灯具布置，设定面板的拼装断点；结合面板平面、立面转折点定出控制点，便于实际测试及施工控制。

利用全站仪、水准仪测控预设控制点位置，利用光电测量仪通过该控制点校准该排 GRG 面板的拼装精度。进行专项施工图的深化设计，设计图纸需对组件定位尺寸、吊点位置、埋筋位置、钢架位置、材料选型进行明确标注，保证加工尺寸与现场尺寸完全一致，应充分考虑设备专业末端综合与组件的合理连接，保证 GRG 设计协调、美观、具备可实施性。

根据 BIM 建模数据，合理分割模块，设置相应挂点，对分割出来的产品按照预埋点距离产品边缘的尺寸要求，得出预埋点，并制作 GRG 所需的主副龙骨钢架。对分割出来的每一块产品进行编号，根据产品的形状选择合适的模具下单制作产品。

工厂定做 GRG 曲线造型，分组固定于顶棚金属龙骨上，表面做乳胶漆。每个 GRG 造型单元比较大且厚重，需设置独立的钢架龙骨悬吊系统，进行现场拉拔实验，保证钢架龙骨悬吊系统无松动、无晃动、无变形，检测合格后方可进行后续工作，安装 GRG 曲线造型。

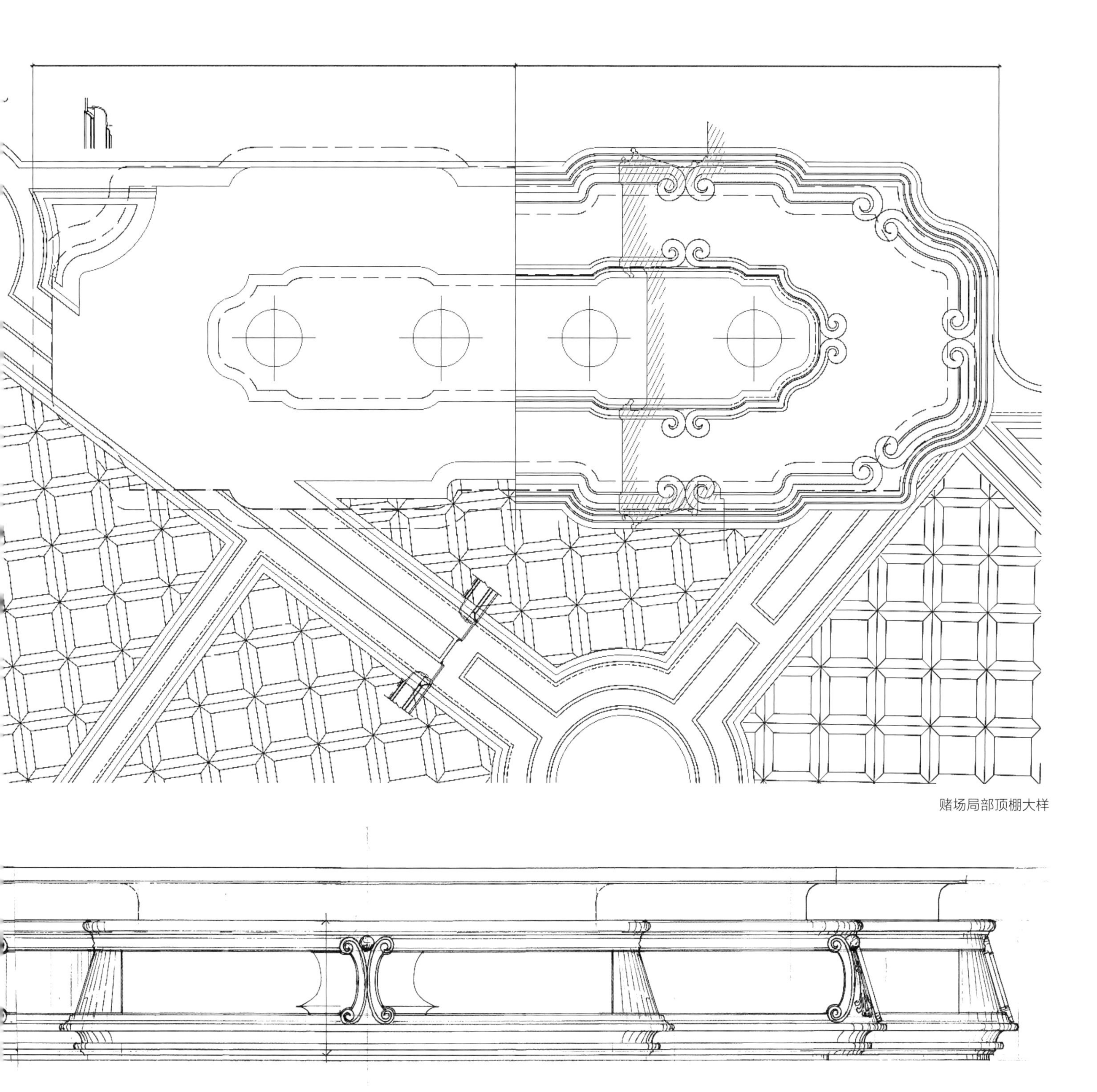

赌场局部顶棚大样

赌场顶棚立面图

赌场局部顶棚造型

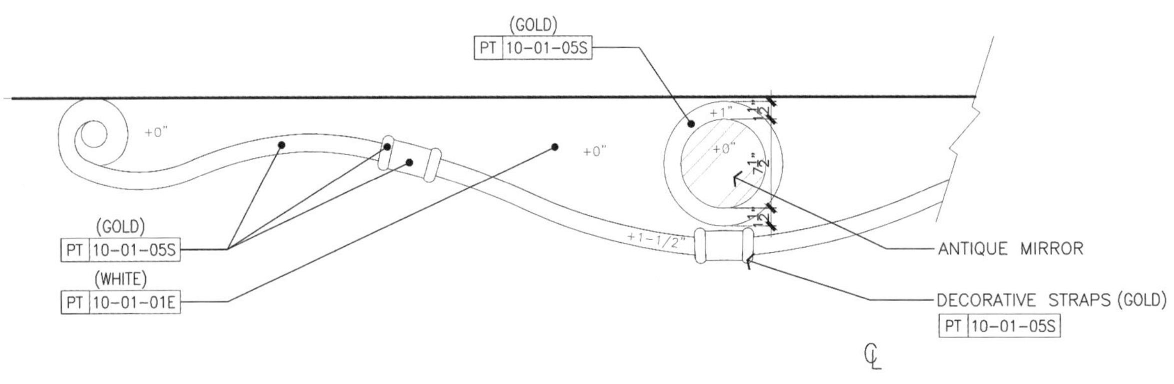

赌场顶棚立面图

赌场酒店电梯空间以曲线 GRG 造型为基础，“浪花”“贝壳”“珊瑚”等海洋元素加上具有当地特色的大海“蓝”，色彩明快，犹如置身于海洋世界中。具有中国特色的中国红、中国结图案，热情洋溢，充分体现出中西文化特色的结合。

电梯厅（一）

电梯厅（二）

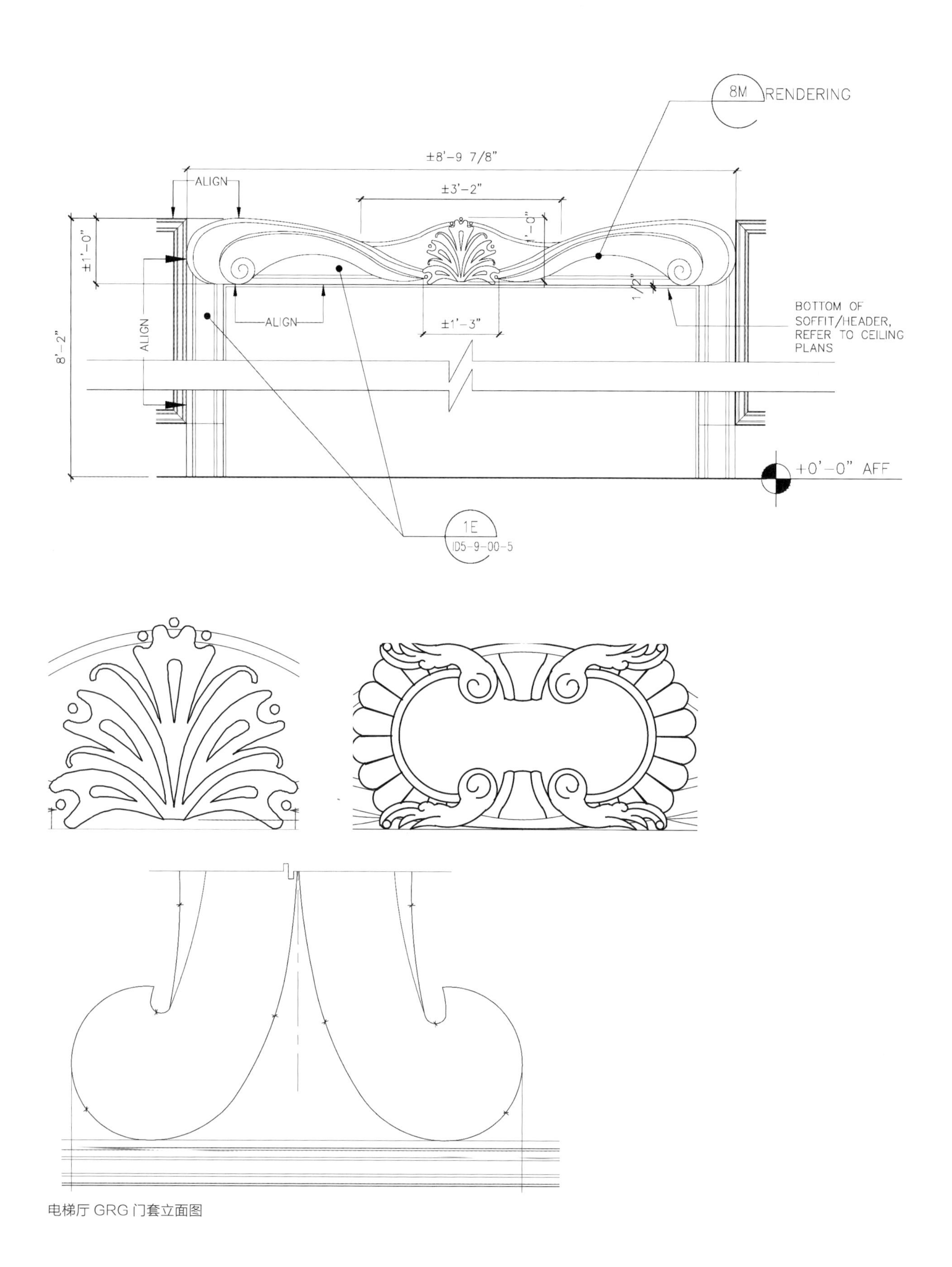

电梯厅 GRG 门套立面图

在工厂加工 GRG 造型，按照设计的规格先用电脑制作三维立体模型，再等比放样，按设计要求制作成半成品，在现场拼接安装，做整体面漆和打磨，注意与电梯门套衔接。

电梯厅 GRG 门套三维模拟图

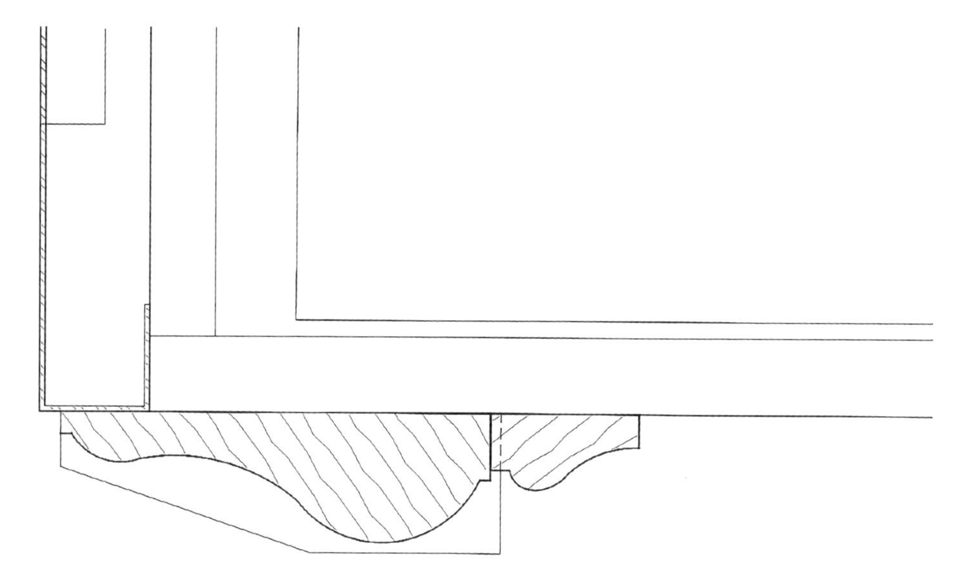

电梯厅 GRG 门套安装节点图

赌场收银台采用“中国结”造型元素，用曲线铜条做成隔断和装饰，服务台侧立面采用色彩丰富、光泽度高的贝壳马赛克，与大海主题呼应，精致的“中国结”铜艺花格栅彰显低调中的奢华。

工厂加工铜艺花格栅，按照设计要求的规格、样式及材质制作成单元式成品，在现场进行拼接安装。安装铜艺花格栅前须将底层贝壳马赛克紧贴于柜体上，保证表面平整、光滑。待贝壳马赛克粘贴稳固后，进行铜艺花格栅安装，上下边框固定，以保证不破坏贝壳马赛克的平整度，安装铜艺花格栅后进行检验，保证平整误差不大于 1mm。

大堂服务台正立面图

大堂服务台侧立面图

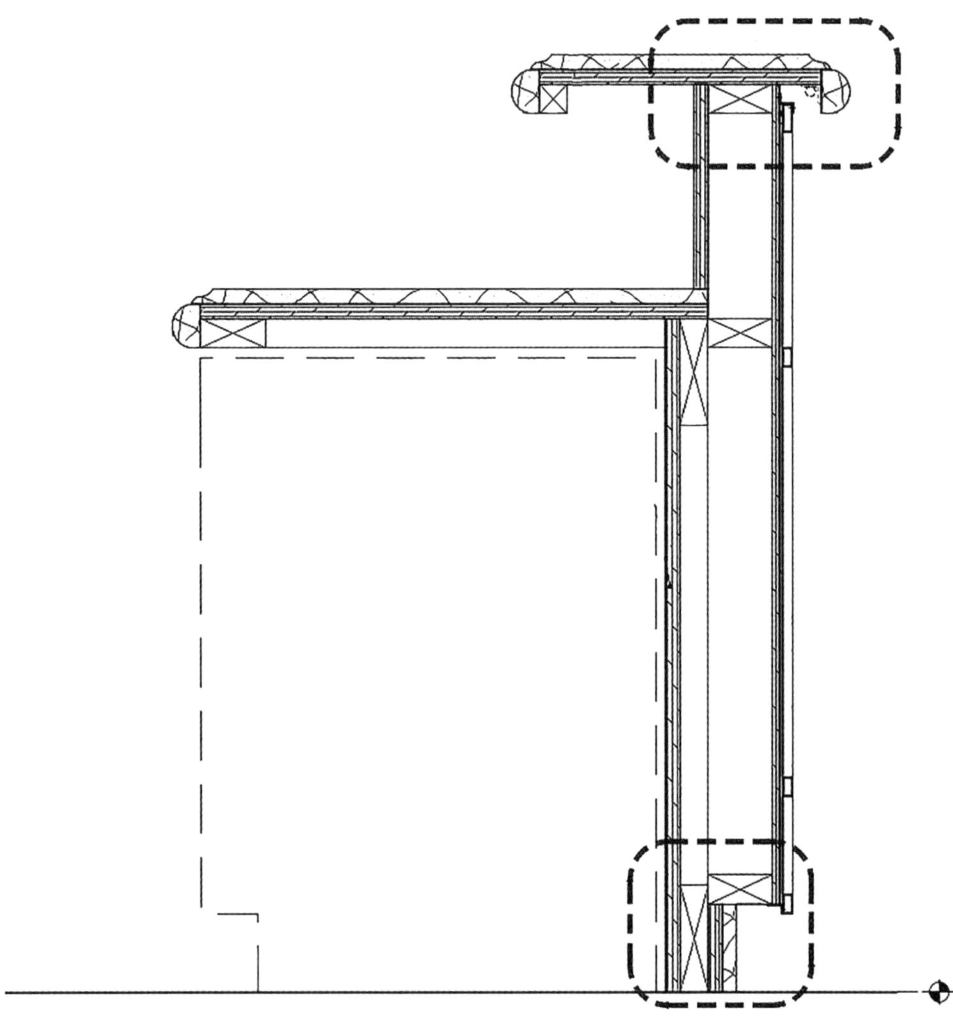

大堂服务台剖立面图

大堂服务台

赌场酒店大堂，空间以曲线为基础，地面运用的大海蓝石材拼花与所在的“大海”结为一体，前台台面采用的大海蓝石与之呼应，顶棚悬吊具有中国特色的“纸伞”工艺吊灯，立面深蓝色肌理墙漆中镶嵌水族，服务台和柱子立面采用色彩丰富、光泽度高的贝壳马赛克，服务台立面加上精致的铜艺花格栅镶嵌装饰，整个空间色彩清爽、明亮，使整个空间精致、典雅、梦幻。

广州西塔四季酒店

项目地点

广东省广州市天河区珠江新城珠江西路 5 号

工程规模

448000m^2，造价 11200 万元

建设单位

广州越秀城建国际金融中心有限公司

设计单位

HBA、STEVE LEUNG

开竣工时间

2009 年 8 月—2012 年 10 月

获奖情况

2013 年度广东省优秀建筑装饰工程奖、广州市 2013 年建筑装饰优质工程、2013 年度广东省建设工程优质奖、2012—2013 年度全国建设工程鲁班奖（国家优质工程）、2013 年荣获第五届广东省土木工程詹天佑故乡杯、2013—2014 年度全国建筑工程装饰奖、2014 年荣获第十二届中国土木工程詹天佑奖

社会评价及使用效果

酒店矗立在璀璨绮丽的珠江江畔，与广州塔隔江相望。楼高 432m，共 103 层，是广州市一个最具魅力、最具商务特色的标志性建筑。酒店由一家世界性的豪华连锁酒店集团经营，被《旅游与休闲》（*Travel + Leisure*）杂志及《Zagat 指南》评为世界性的超五星豪华连锁酒店，并获得 AAA 5 颗钻石的评级

酒店内景

设计特点

酒店功能分区为：1 层为抵达大堂；70 层为空中接待大堂及酒店管理办公区；71 层为中餐；72 层为西餐，93 ~ 98 层为客房；99 层为行政酒廊、酒吧；100 层为特色餐厅；69 层为水疗中心；裙楼为会议中心。

酒店设计融入中国文化、加拿大文化及自然四季元素，选用高品质的材料，用细微精致的细节设计，展现简洁豪华及高品质。室内总设计 HBA 将大堂“挖空”，既增强空间感，又保证自然光线充足。西塔外形如水晶体，为配合这一独特设计，酒店内部大多利用自然采光，玻璃外墙将光线变得柔美，阻挡阳光热力进入，室内再配合大理石或雕刻幕墙透光技术，光线明亮但不失柔和。

酒店的装修十分气派，首层大堂和 70 层的中心大堂，都设有多块独特的装饰墙，中间有稻穗图案的镂空，能够透光。而装饰墙上的稻穗图案是按春、夏、秋、冬不同季节变化的形态来设计的，暗喻四季酒店。酒店中餐厅墙上是一幅画有竹子的玻璃墙，竹子都是由艺术家手工绘制。日式餐厅玻璃顶棚上的玫瑰、走廊玻璃上的祥云也全都是手工绘制，可谓奢华与注重细节并存。酒店有特色房间设有露天的浴室，浴缸被放置在玻璃窗前，对面“小蛮腰”景观尽收眼底。位于大堂中间的附壁流水台，如果不是水帘滴答声响，根本不会察觉台上有水流淌，在鲜红三叶草的衬托下，水台上刻着宋人“春有百花秋有月，夏有凉风冬有雪，若无闲事挂心头，便是人间好时节”的诗句，与酒店的“四季”之名颇为相衬。

空间介绍

70 层接待大堂

酒店大堂（接待大堂）在 70 层，向上仰望是一个钻石形空间，大堂中央矗立着由澳洲艺术家马修 · 哈丁（Matthew Harding）设计的一座高达 3m 的巨大红色钢雕，它漂浮在泉水镜面的基座之上，成为酒店核心与灵魂的标志。

酒店大堂区域分为中央景观区、休息等候区、服务区、电话间、银联柜机区。主要装修用材有鱼肚白石材、中国黑石材（地面）、钢琴漆雀眼木饰面、雪花白石材、镂空文铝板（墙面）、白色乳胶漆、黑镜面不锈钢条（顶棚）。

中央水景造型设计采用整个建筑平面的形状，选用中国黑石材为主底色，托起中国红的舞动丝带不锈钢

70 层接待大堂

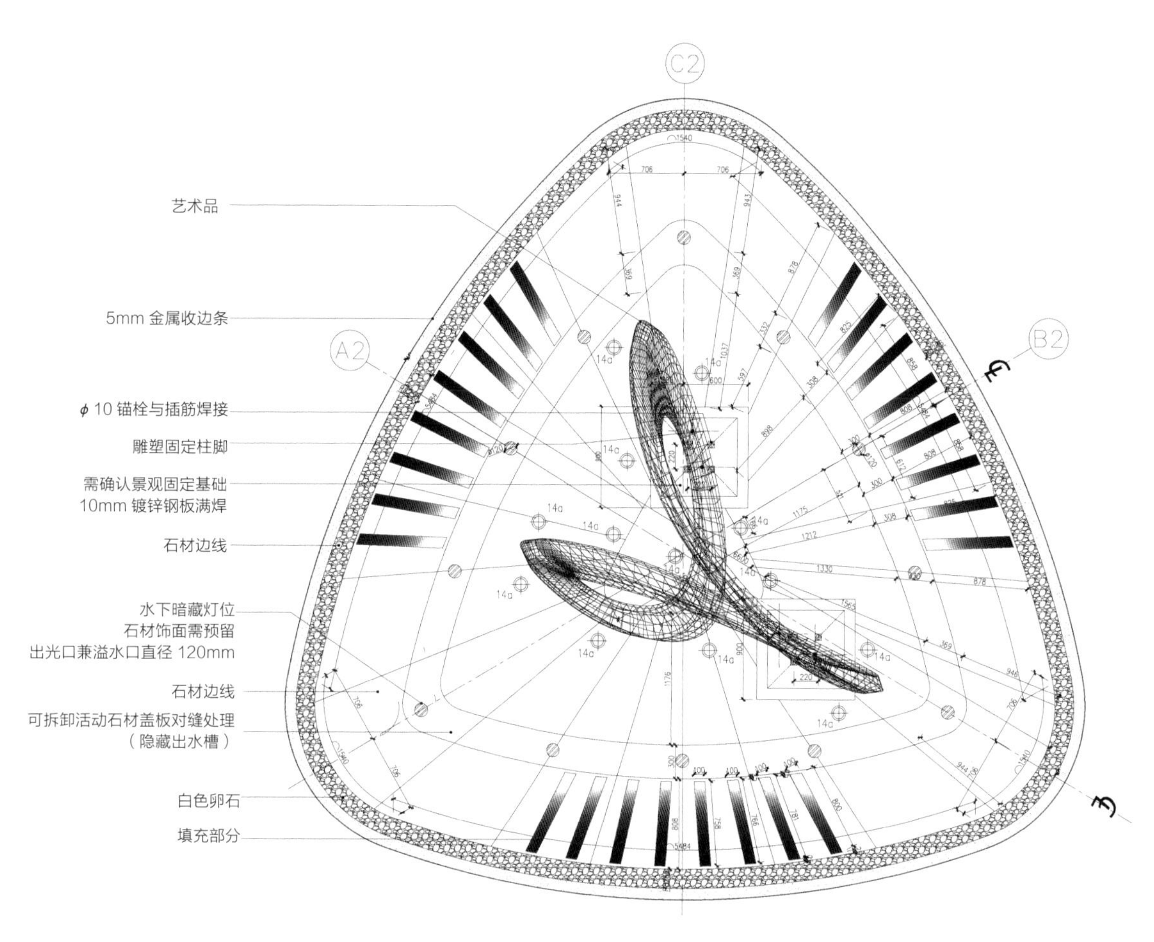

70 层接待大堂中央水景平面图

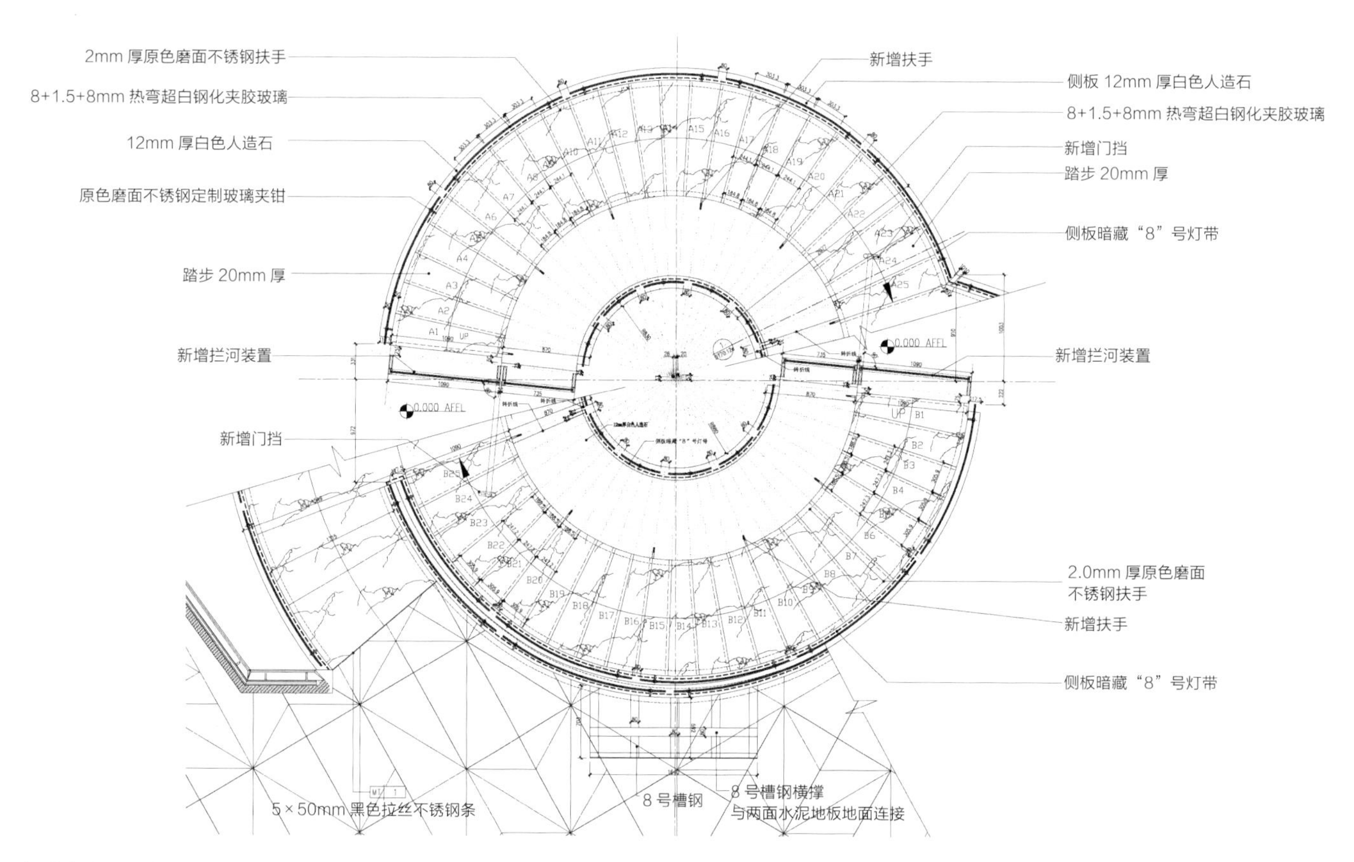

70 层接待大堂双螺旋楼梯平面图

艺术雕塑，在平静如镜的水面底下的中国黑石材上雕刻描写四季情景的古诗词，将中国文化元素很自然地融合；“湖面”的水沿石材壁无声无息地流下，在壁底泄流到铺满白色鹅卵石的水槽中。

旋转楼梯台阶装饰面用料均为石材，整个旋转楼梯两侧挡槛均为旋转造型亚克力人造石。楼梯共有 60 级踏步，由内外不同半径同心圆的半圆组成，同时整个旋转楼梯两侧的造型亚克力人造石与玻璃拦河的造型相互连接。台阶踢面底及楼底面顶棚均设计装有 LED 灯，使整个楼梯显得轻盈时尚。

大堂地面选用进口的雪花白石材，铺贴面积约 $1300m^2$，该石材是意大利开采出的一种白色大理石，底色白，防水及耐污性好，铺设后的感觉有着玉的滋润，显示高雅的气息。

石材的拼缝线条如同一圈圈同心相似弧形等边三角形，三角形的三条边由三条向内的圆弧线组成。通过合理的设计排布，呈现一幅中国水墨画。石材的分格铺贴方案引用建筑主体造型，从楼层中心点用三条圆弧线向外扩散，三条圆弧层层相交。

地面石材铺色难点

色差纹路控制难度大。从 71 层至 100 层的走廊都能向下俯瞰整个接待大堂，故石材的底色控制非常重要，需要石材色差过度均匀。其中 H 组电梯到达厅前室地面已于前期铺贴完毕，因此与大堂中心区大面积未铺贴部分石材间的色差平稳过渡和分缝平顺连接变得更加有难度。

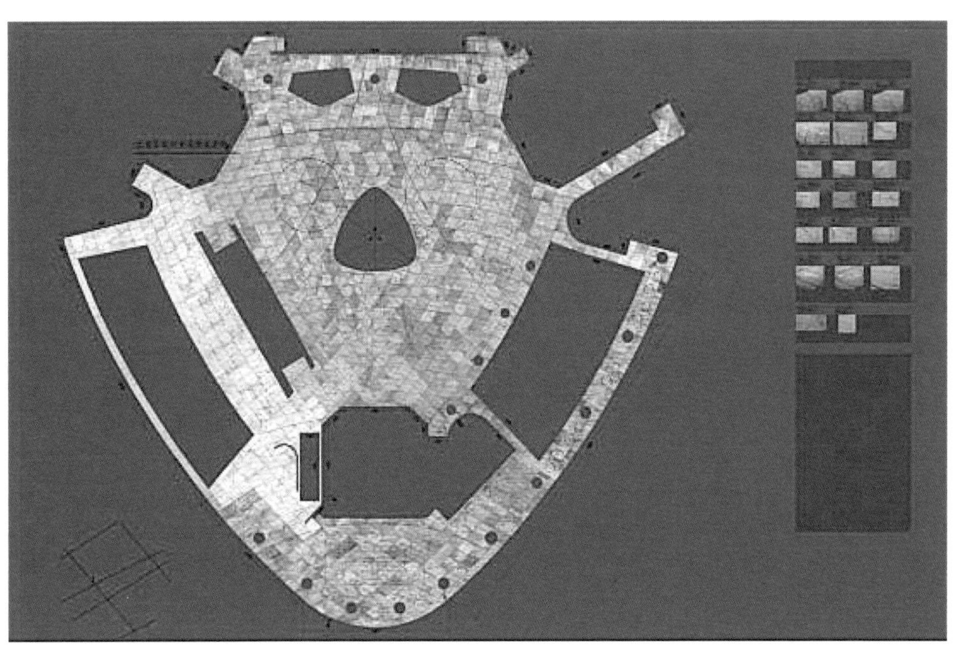

地面石材电脑模拟排版图

铺贴难度大。大堂以楼层中心点 S 为基准用三条圆弧线向外扩散，三条圆弧层层相交，导致大堂石材分块极不规则，给石材加工切割及现场铺贴误差控制带来了极大难度。

石材色差控制

选材。石材厂选择荒料时取一件已铺好地面的石材边角料，按此石材的底色对比选择荒料，按颜色接近度分为 1、2、3 等。1 等为颜色最接近，3 等为颜色相差比较大但可接受，2 等介于 1 等和 3 等之间。与已铺石材的连接面用 1 级，向外逐渐过渡至 3 级。

排版加工。荒料选好后在加工厂切割成大板，然后给每件大板（厂家附有编号）拍照，将大板的数量、尺寸、色差的数据提供给现场设计师。设计师按照这些资料按 1 ： 1 的大小，用照片在电脑上模拟排版，经设计单位及业主同意后，发至石材厂，要求其按此排版图用电脑全程控制水刀切割。

加工预排。当石材厂按施工的先后要求切割了一定量的时候，在石材厂对已切割的石材预排模拟铺贴，检查合格后装箱发货。

石材施工控制要点及施工工艺

控制线的确定：该地面由 A2、B2、C2 三条轴线组成，交会的 S 点为中心点，三条轴线将整个平面分为三等份，每份占 120° 角，由中心点 S 分别向圆弧线的圆心点延伸，三条轴线作为石材铺贴基准线依据，也是三条弧形石材缝相互交叉定位准确控制偏差的重要依据。不同于横平竖直缝石材地面普通贴法，此地面因每块石材不规则而形状大小不一，因此不允许出现石材定位偏差和累计偏差，否则无法完成整个地面的铺贴。

区域铺贴分割控制：整个地面分为 A、B、C、D、E、F、G、J、H、K、T、M 12 个区域，其中已经铺贴了 F、G、J 区。各区域相对独立。第一批为 A、B、C 区，第二批为 D、E、H 区，第三批为 M、K、T 区。

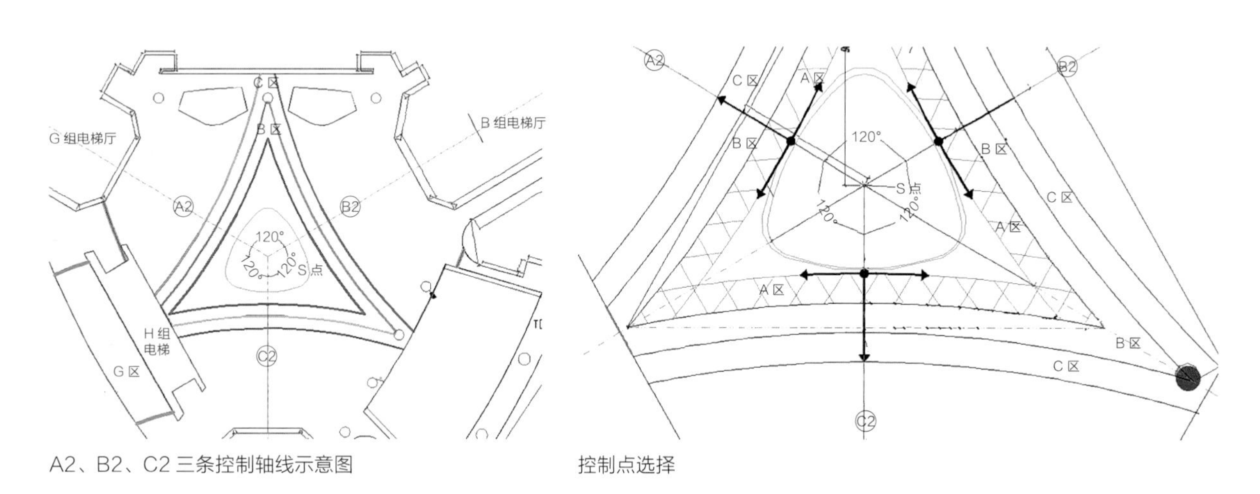

A2、B2、C2 三条控制轴线示意图

控制点选择

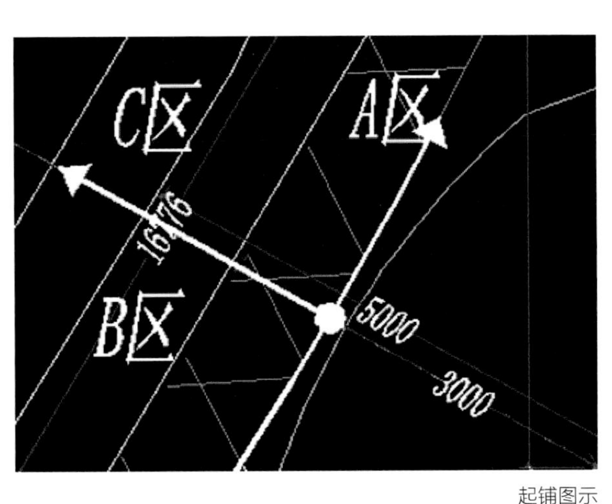

起铺图示

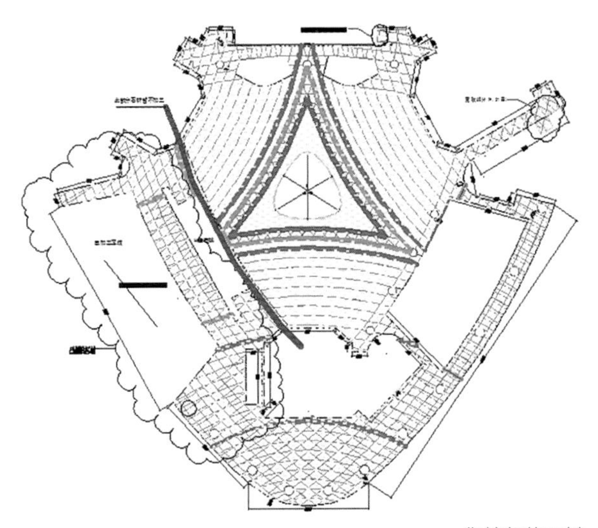

衔接部位石材

区域内控制点的选择：以 A、B、C 区为例，由中心点 S 向三个轴线方向按电脑数据定出 A 区边缘控制点，依此方法找出其他区域的边缘控制点。在各个区域铺贴过程中同 A 区一样标明相关尺寸控制图。

铺贴的顺序和方法控制：A 区石材为最早开始铺贴的区域，按图示指引定出 A2、B2、C2 控制线后，按石材编号起铺石材，然后试排整个 A 区的石材，当试排达到要求和允许误差范围后，才正式铺贴。待 A 区铺贴完毕后，再铺贴 B 区，然后依此由 C 区向外环拓展，每个环形都依照上述方法控制。

D、H 区和 F、G 区拼接误差控制措施：由于 F、G、J 区已铺贴完成，为保证 D、H 区同时满足分层控制线要求并与已铺贴区域拼接平顺，D 区和 H 区的个别块石材暂不加工，待现场铺贴至此，现场与电子图尺寸核实后再加工，可以用夹板，按现场放样调整后，交工厂加工，但此石材必须在全部开工前，将所用的石材按排版要求留下，并注意底色的配合。

与墙面收边石材的误差控制措施：由于大堂地面石材需与弧形墙面、石材、铝板、木饰面等不同墙面材料拼接，所以在每块收边石材加工时在收口方向加长 20mm，预留现场切割，确保地面石材收口完美。

注意事项：派石材跟单员常驻厂家，严格监督每道工序。供应商石材出厂前做好石材六面防护处理。现场铺贴时，如有地插及收边收口，处理时要及时补刷防护剂，在防护剂未干透的情况下，不允许湿作业铺装，否则没有防护效果。石材铺贴时采用的水泥砂浆层严禁夹有木块木屑等杂物，否则砂浆水分浸入木作物，石材容易受污染而泛黄。石材铺贴后做成品保护，但不能当天盖塑料薄膜，因大部分砂浆水分需要散发，前二至三天少量洒水进行保养有利于提高砂浆层黏结强度，待一周后（期间对该区域进行围封，不能让人行走，也不能有其他污染）铺塑料薄膜和 9mm 厚普通石膏板（不容易起角）。如发现石材受污染泛黄，采用专业石材泛黄稀释剂浸透稀释清理石材泛黄表面，严重部位需进行多次，直到完全清洁为止。

现场实铺情况

双螺旋楼梯

大堂双螺旋楼梯施工工艺

大堂双螺旋楼梯采用意大利进口鱼肚白大理石、白色亚克力人造石、原色磨光面不锈钢、热弯钢化夹胶超白玻璃、LED 灯带。

整个楼梯经过精准放线后，采用 30mm × 30mm × 3mm 热镀锌角钢骨架对建筑结构进行纠偏及修型。地面石材通过选板、电脑模拟拼纹排版、定尺切割后选用白色高分子益胶泥黏结，确保无缝隙、不渗色，再通过结晶美化与保护，确保高品质和耐久性；玻璃采用现场制作的模板，模拟安装无误后发厂家定尺加工；不锈钢扶手于现场拼接后精磨形成无缝一体化；亚克力人造石挡槛于现场加热黏结在基层上后冷却成型，再精磨形成无缝一体化。

旋转楼梯施工重点。70 层大堂双旋转楼梯设计为内外弧侧板，台阶、休息平台均为雪花白石材，栏杆为弧形热弯钢化玻璃栏板，点式固定连接悬挑于内外弧石材侧板外（与石材间隙统一为 15mm）。每步台阶下口设有暗藏灯槽，楼梯面 R830 ~ 1697 区间为平板呈斜面扭曲形。主要施工要求如下。

弧形玻璃栏板悬挑支撑点位要求非常准确，必须在石材弧面侧板安装前找准位置，先把内外弧侧半径及休息平台内外侧完成面以垂直投影线放在地面上，并对玻璃栏板及相应的侧面石材分块在地面上进行标注。由于楼梯基层为钢结构，如与设计尺寸不符，应根据现场结构进行调整，根据现场实测数据，计算楼梯内外弧展开面总长尺寸，玻璃和石材弧板等按现场实际尺寸重新调整并分块，结合楼层标高对玻璃支撑固定点位采用 CAD1 ： 1 进行定位，同时能够确保玻璃挡板下口边线与侧弧石材下口底部在同一平行高度。由于楼梯呈弧面斜线，因此石材安装点位控制与玻璃点位控制必须一致。

弧形楼梯踏步台阶下口都设有暗藏灯槽，每步台阶踏步板悬挑 80mm，每级踏步立板下口留空 40mm，踏步口石材拼角为 45° ，施工工艺较为复杂，因此踏步平面控制定位线需同样用垂直投影方式投放在地面上，再从地面投影控制线以垂直线引到基层结构所需位置作为准确控制依据。每步台阶高度以楼层实际标高尺寸除以台阶步数等分，由于每个步级均有暗藏灯槽，踏步板石材悬挑 80mm，基层采用角钢及 3mm 厚热镀锌钢板加工制作作为悬挑支撑，钢板面加焊 50×50×ϕ3 钢网，确保石材安装的牢固性和稳定性。

70 层接待大堂双螺旋楼梯图

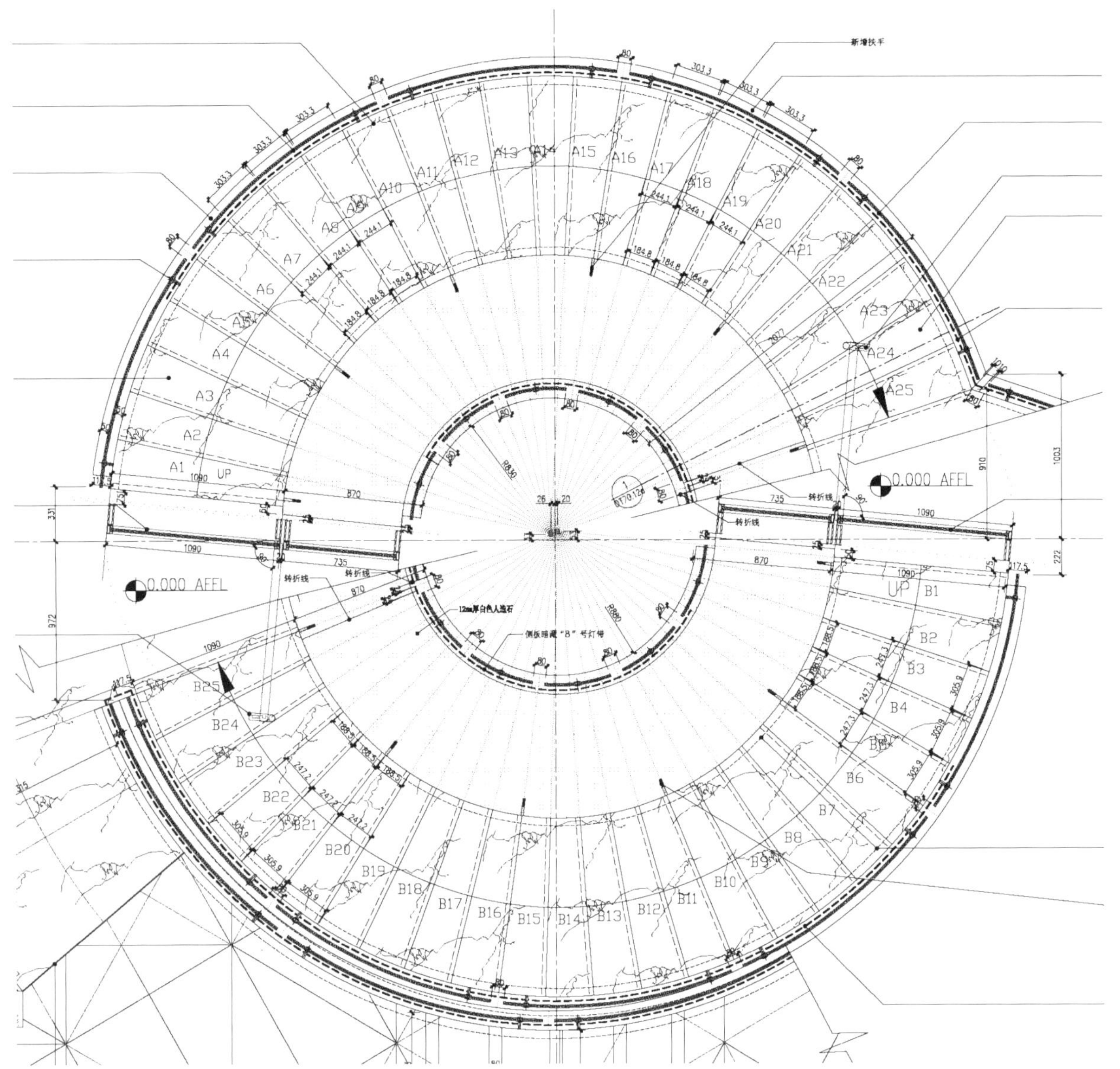

双螺旋楼梯石材施工排版图

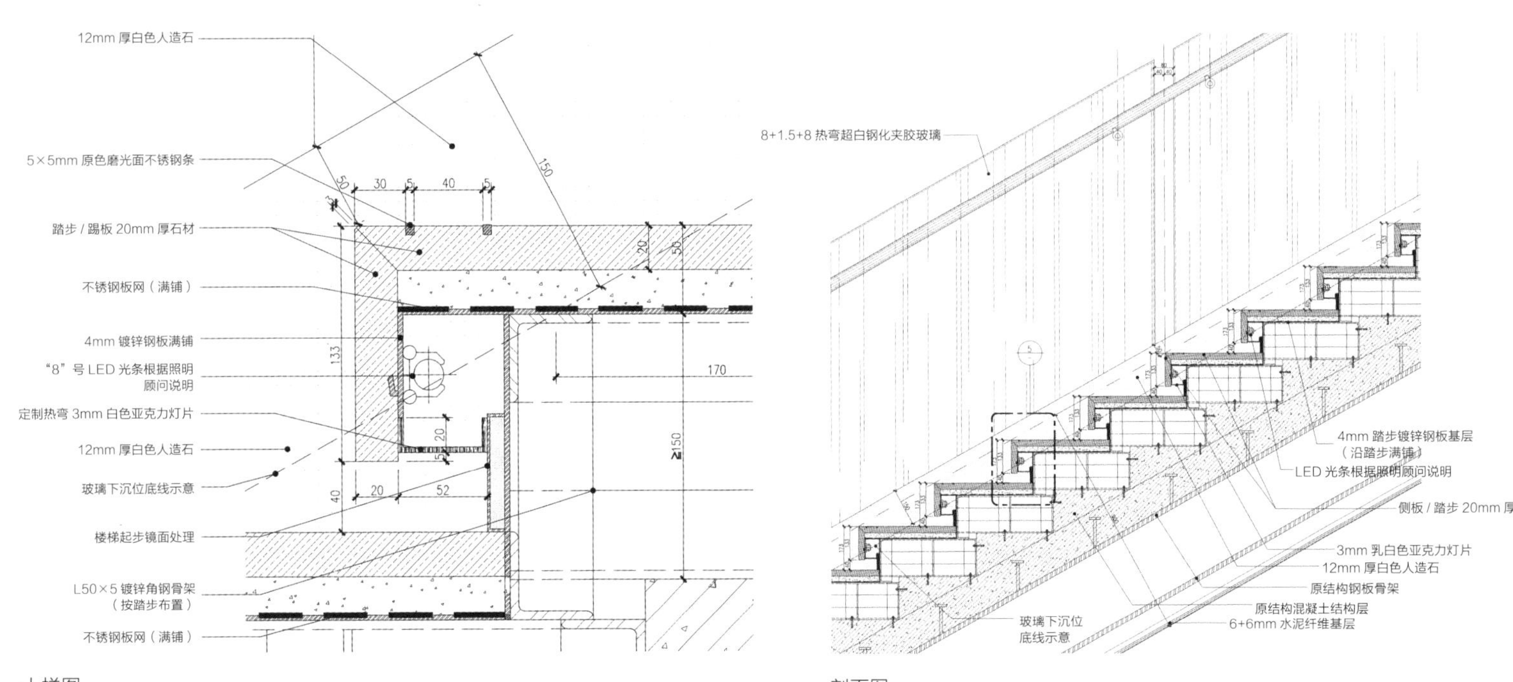

大样图

剖面图

70 层接待大堂中央水景

中央水景

大堂中央水景是大堂设计的点睛之笔，选用“中国红”韵律动感艺术雕塑，加上中国黑石材镜面流动浅水池设计，动静结合，既蕴含了中国文化又富有灵动之感。

大堂中央水景采用中国黑石材、不锈钢雕塑、卵石、槽钢、不锈钢板、玻璃钢、水景射灯、LED 灯等材料。

中央水景施工工艺

骨架基层施工 中央水景建造通过混凝土围挡加钢架结构支撑作为骨架，包括基层钢架安装、多次试拼安装、现场精细打磨等工序。

防 水 施 工 通过三层防水措施确保水不渗漏及不向周围延渗。在结构楼板基层采用聚合物防水底层防护，再用不锈钢板作为防护水槽，最后用玻璃钢做加强防水防护。

石材面层施工 面层石材采用高分子益胶泥黏结，确保不出现缝隙及石材返碱渗色等质量问题。所有给水管采用隐藏式安装，并在给水管上均匀布孔使水溢出，确保“湖面”水平如镜。

照明设施安装 在水和周边环境的影响下密封材料容易老化，暴露在外容易遭到破坏，均会出现漏电问题，使水体带点，形成安全隐患。所以照明设施的电压应该控制在 12V 左右，并对设施配置抗腐蚀、高强度、密封好的外壳，进行接地处理，同时设置漏电保护。

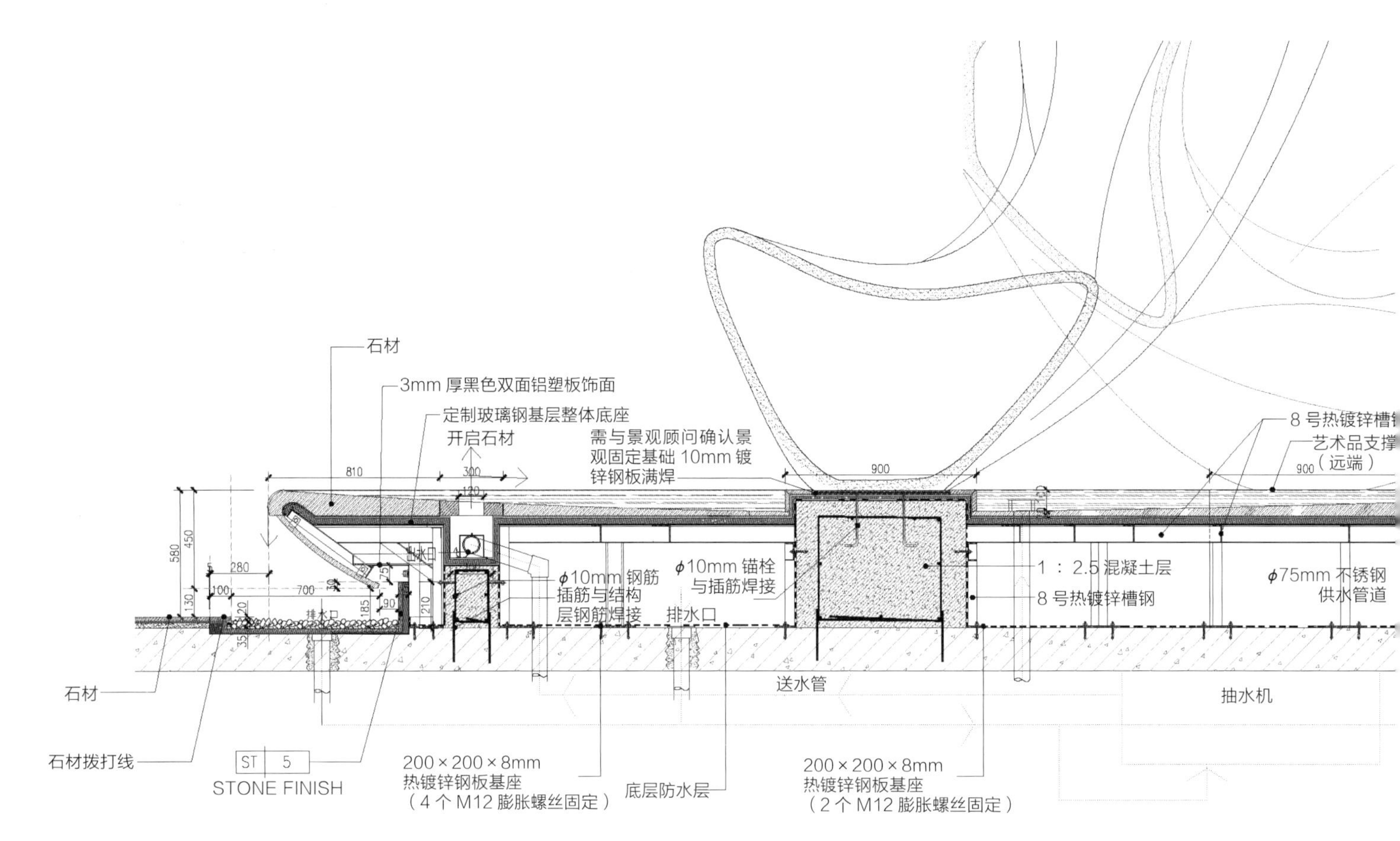

70 层接待大堂中央水景剖面图

“8”字吊灯

中餐厅主吊灯造型设计借用了中国的幸运数字“8”及风铃元素，“8”字形灯选用玫瑰红琉璃吊片，通过射灯照射会展现不同深度的红色，在空调送风的吹动下会发出风铃般的音乐声。材料选用黑镜面不锈钢、钢丝绳、琉璃片、角钢、化学螺栓、射灯。

“8”字吊灯施工工艺

通过分析吊灯钢丝吊绳的布置及计算灯重量分布，规划承重钢架的设计，通过化学螺栓与结构楼板牢固连接；精准安装吊绳连接件；安装水泥纤维板作为黑镜面不锈钢的附着基层；通过精准的基层尺寸复核，绘制不锈钢下单板块图，并确定机电末端孔位及开孔尺寸；用结构胶固定不锈钢板，再安装每一串琉璃灯吊片。

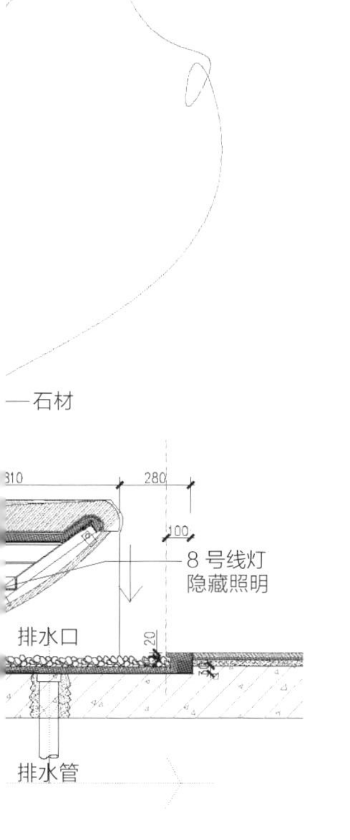

71 层中餐厅“8”字吊灯

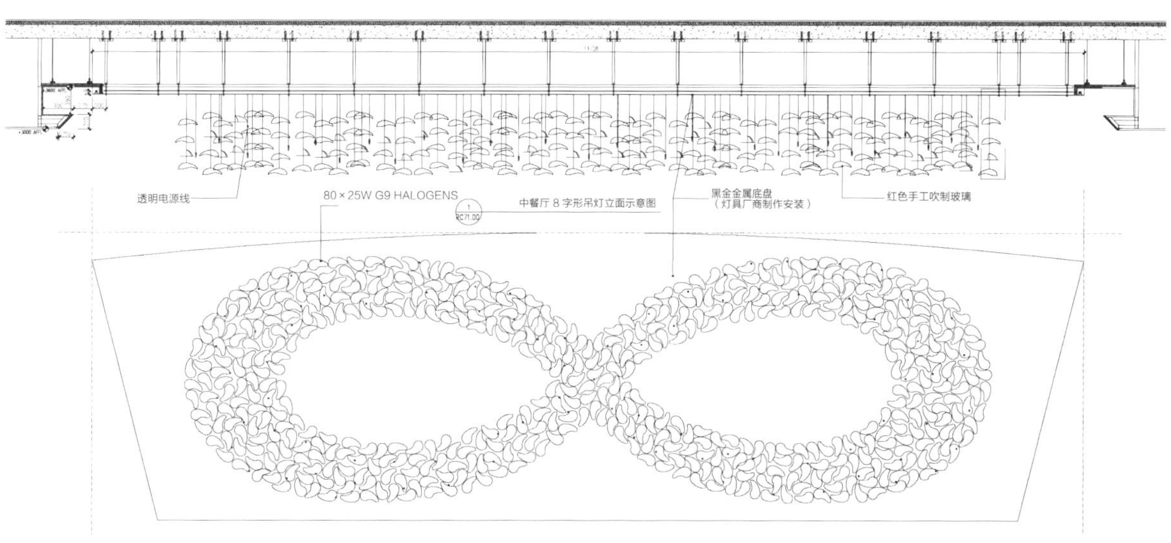

“8”字吊灯平 / 剖面图

“琴键”顶棚

“琴键”顶棚造型设计借用高品质钢琴动态演绎时的状态，通过顶棚背景音乐喇叭，音乐从“琴键”播出，让客户体验“实景”音乐。材料选用钢琴漆面层热镀锌钢板、喷黑面 ϕ6 全丝吊杆。

71 层中餐包房“琴键”顶棚实景

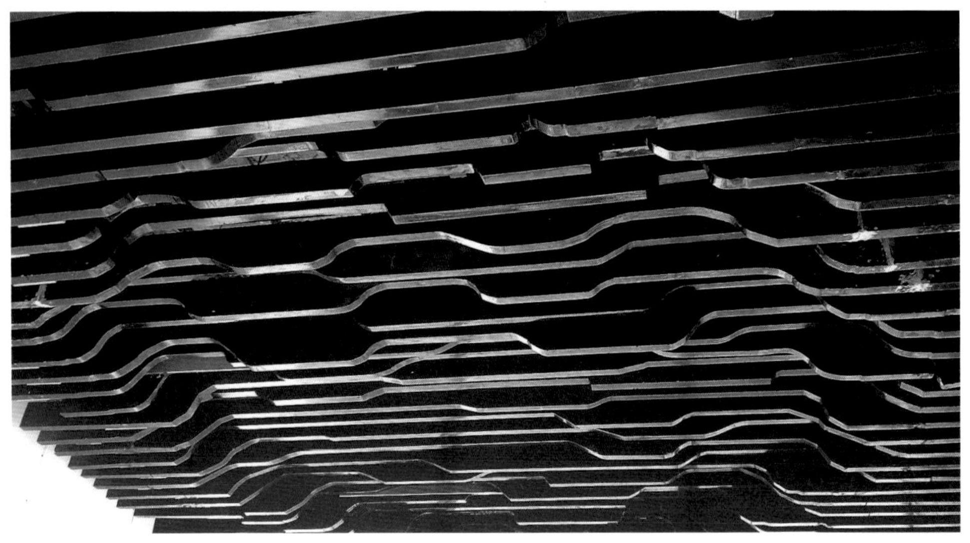

顶棚造型条施工完成实景

“琴键”顶棚施工工艺

通过对精细的手绘方案图深化细化，绘制出深化方案图，再通过样板制作，进一步验证实体感观效果；实体效果确认后，把做基层用的镀锌钢板按照详细的施工图裁切、折弯、焊接、打磨，完成基层造型制作；批刮环氧树脂腻子，精细打磨后送进无尘漆房上漆、烘烤形成钢琴漆面品质与效果，现场吊装完成。

中餐厅包房

72 层日本餐厅顶棚连墙面蚀花玻璃

蚀花玻璃

蓝色夹胶玻璃蚀花顶棚及墙面展现了一幅半透明式蓝色调梅花图，即体现四季酒店的冬季印象。材料选用蚀花夹胶玻璃、不锈钢爪件、40mm × 40mm × 4mm 热镀锌角钢。

蚀花玻璃施工工艺

通过创意设计提供的概念性梅花图，按现场尺寸 1 ： 1 放大深化绘制，再通过玻璃加工厂的数控玻璃蚀

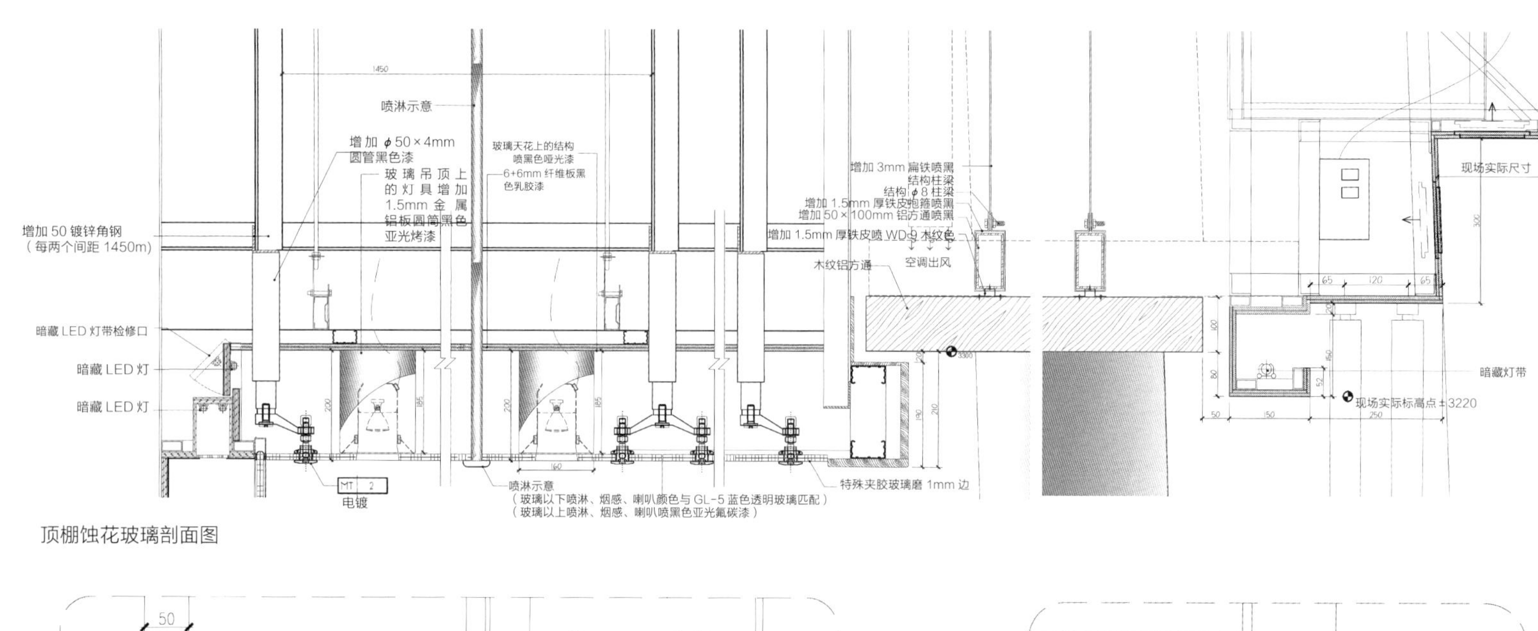

顶棚蚀花玻璃剖面图

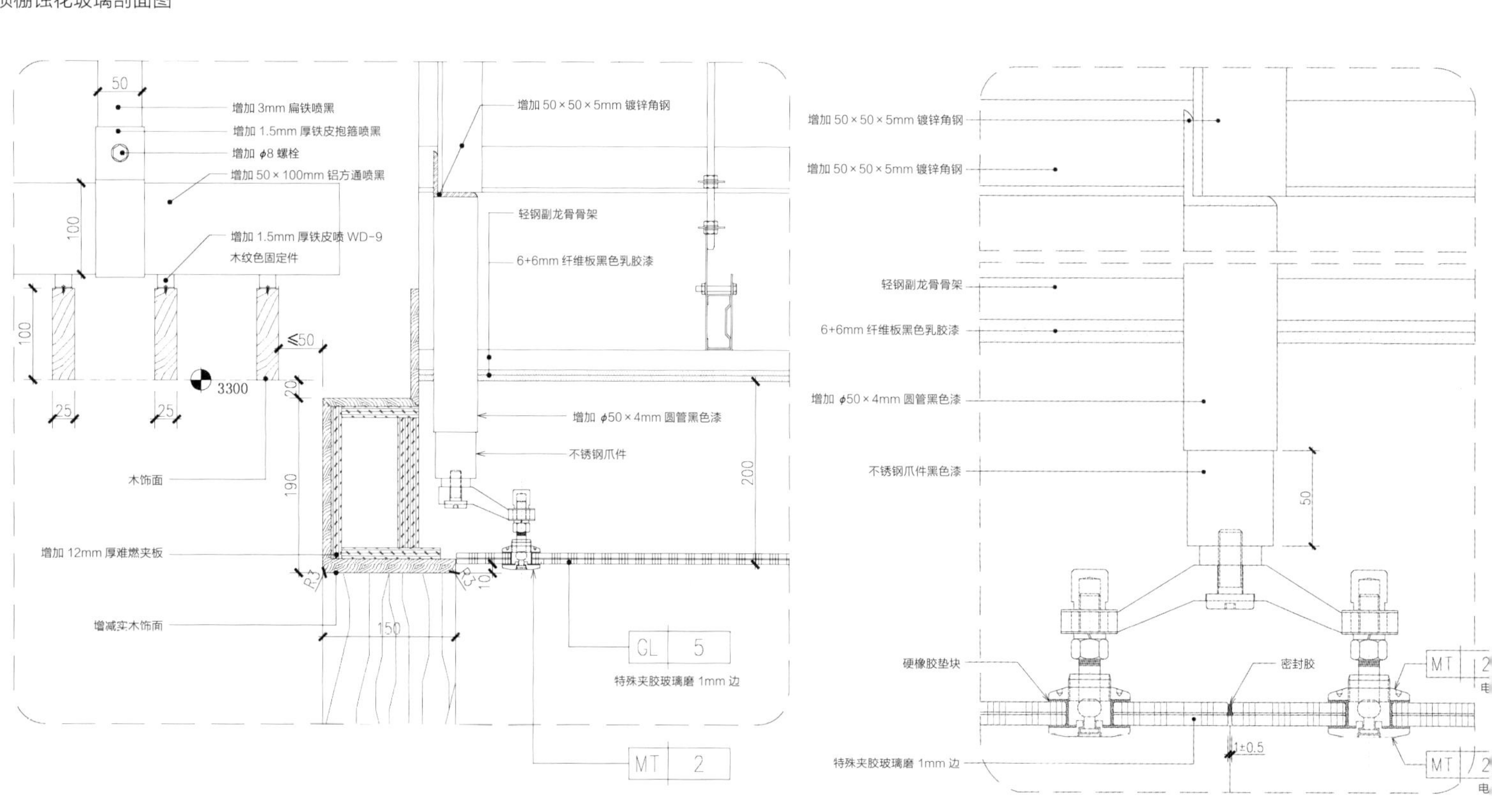

大样图（一）

大样图（二）

花设备加工，在安装现场通过 40mm × 40mm × 4mm 热镀锌钢架作为承重基层结构，通过黑金刚爪件将玻璃与基层钢架连接，最后呈现效果。

手工刻线地面石材

通过石材分块拼接缝线或刻线形成抽象化钻石平面图案，以匹配整体酒店设计中的钻石元素。

手工刻线施工工艺

为了控制石材切割及铺贴中出现的误差，通过高分子益胶泥按常规地面石材铺贴方案将标准的矩形石材铺贴完成，形成基本的钻石线条；再在现场刻线形成完美的钻石平面图案。

公共走廊手工刻线地面石材实景

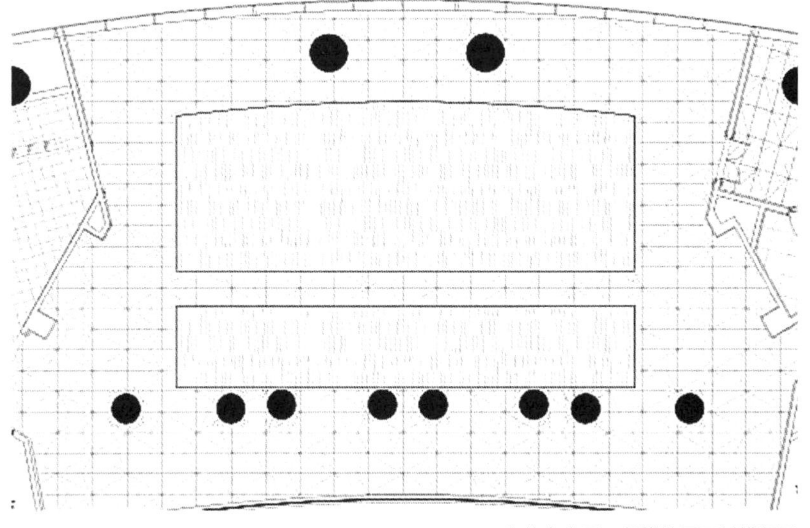

公共走廊手工刻线地面石材排版图

电梯厅

电梯厅

整个电梯厅的设计选用黑、白、红三色配置和图案呈现一幅空间美景。材料选用意大利进口鱼肚白大理石。

墙地面石材施工工艺

对白色且有方向性纹理的石材，其选板、排版、切割、安装对完成后的品质和效果非常重要。在所有工艺流程中排版最为重要，给每件原材大板拍照编号，测量后通过电脑软件进行彩色排版，模拟真实效果，审核通过后，加工后进行排版预验收，再通过规范的干挂完成安装。

玻璃不锈钢楼梯

整个悬挑楼梯强调轻盈、高品质、弱化场景突出人的亮点的设计，使人在踏步楼梯时有漫步空中的体验。材料选用彩釉超白夹胶玻璃、黑色钢化玻璃、黑镜面不锈钢、热镀锌钢板、蜂窝铝板、40mm×40mm×4mm热镀锌角钢、水泥纤维板、LED灯。

99 ~ 100 层悬挑楼梯

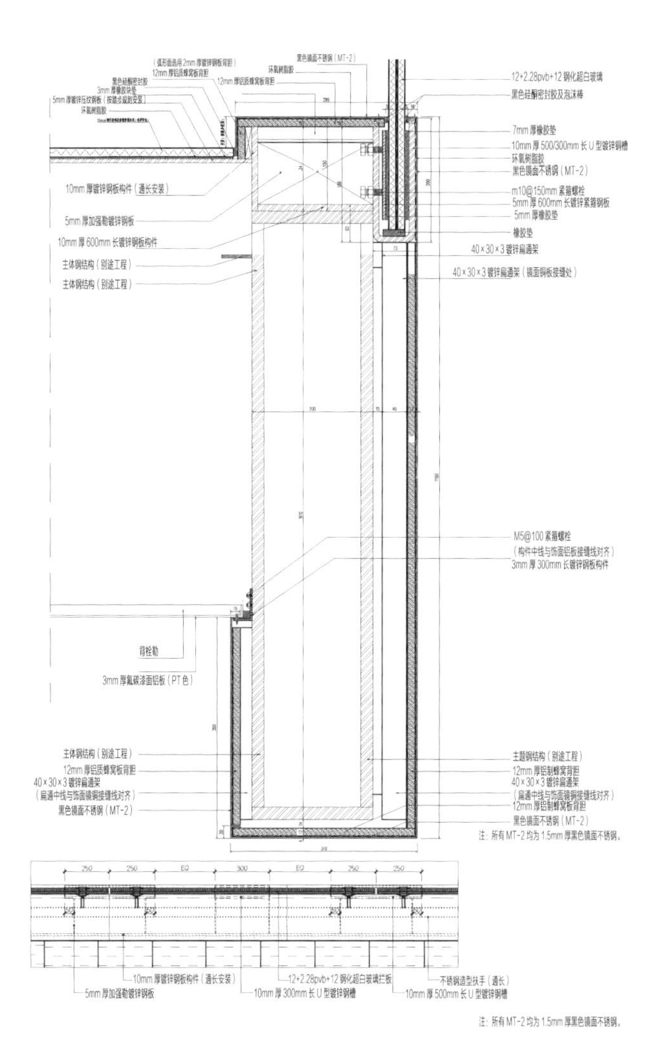

99 ~ 100 层悬挑楼梯细部详图

悬挑楼梯施工工艺

地面确定坐标轴线，做出旋转楼梯的投影平面图形：此旋转楼梯分为两层，首先确定第一层地面装饰完成面，然后确定第二层地面装饰完成面的标高线，确定旋转楼梯的高度；于第一层地面（楼梯底部）预定垂直坐标轴线（X 轴、Y 轴），测量出原土建楼梯的实际尺寸，将旋转楼梯原始土建的图形数据投影在一层地面上。

对于一个外形较复杂的三维旋转造型，放线定位尤其重要，为确保造型石材能准确无误地拼装，原土建结构测量的准确性成为重中之重。在预备放线前，首先，将旋转楼梯的底部清扫干净，在地面上用墨线确定两条相互垂直的无限延长线，以此作为旋转楼梯投影定位的坐标轴，并在施工过程中保护好墨线，以便在安装时进行检验。

旋转楼梯地面投影定点：在楼梯每一个踏步的两侧向地面方向吊垂线，并在坐标轴上找到垂点的坐标；旋转楼梯共分为两部分：第一部分为 1 ~ 26 级，第二部分为 27 ~ 52 级。先确定第一点，依次找出这 26 级踏步的地面垂直方向在坐标轴上的坐标点，由于第 26 级是休息平台，在 27 级处可多定几处点，这样能保证两个弧度准确衔接，同时可以确定每个踏步高度方向的数值，将其命名为Z轴（X、Y、Z轴上的数值确定后，就能确定此旋转楼梯在三维空间中的位置）。

利用投影坐标点，找到内弧半径及外弧半径：放完垂线后，连接所有的投影坐标点，并找出内弧及外弧半径，确定楼梯旋转的弧度及踏步旋转的角度，此时，测量的点越多，弧度就越准确，两个弧度在不同高度的空间中也衔接得越好。同时利用Z轴（高度方向）的距离定位，就能确定旋转楼梯在三维空间中的尺寸。

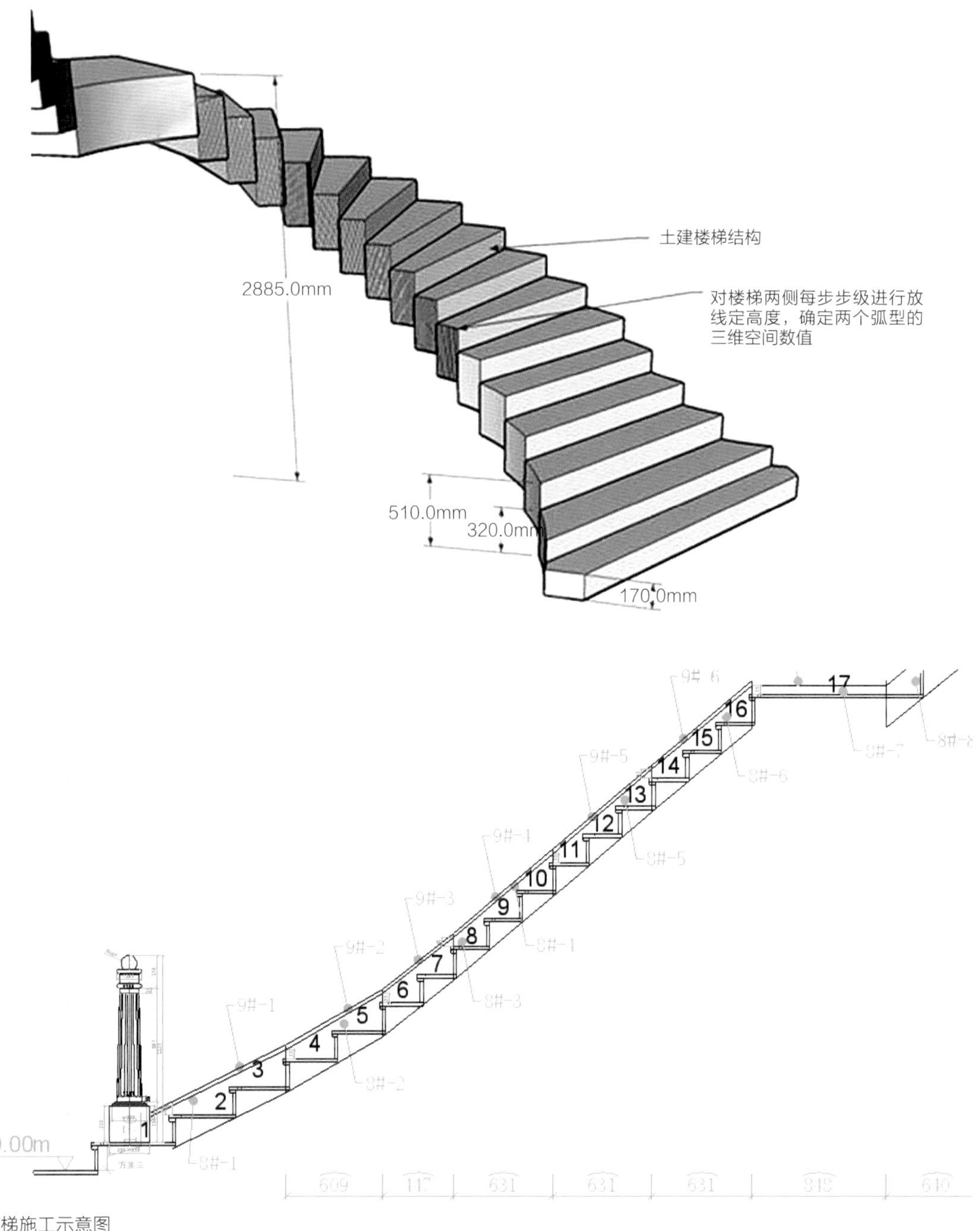

楼梯施工示意图

根据以上所确定的坐标数值，确认旋转楼梯的弧度半径及弧度的衔接情况，同时确定旋转高度，此时，整个旋转楼梯原土建结构的三维空间数值及图形就能完整地呈现，确保材料加工的准确性。

由于楼梯两侧弧形造型扭曲度大，较为复杂，所以对原土建的测量就十分关键，只有测量准确，加工制作后的弧板才能安装准确，同时这两侧的造型上下相互关联，上部与整体栏河底部造型相连接，下部又与休息平台和第一个弧度相连接，所以，如果测量中偏差过大将有可能使整个造型连接不起来。

根据测量得出的数字和图形，编制材料加工图纸（此时方可变更尺寸和设计）。

旋转楼梯干挂在拼装第一块前，必须做好施工前的准备工作。施工前重新复核高度，由于上下两层已经固定高度，同时考虑到测量及加工过程中的偏差和土建的误差，所以先进行预装，并进行高度水平放线，以确保安装尺寸准确。

由于旋转楼梯两侧均为造型线条，同时有盖板，且均为弧形，所以按先装弧板侧板，然后装踏步板，最后装盖板的方案进行施工。在每块板块衔接处都使用吊锤，保证弧形的衔接顺畅。但由于弧形石材加工的偏差及施工的误差，造成了局部接缝仍偏大，因此进行技术处理，并且实行预装，解决接缝及误差问题。

施工完成后进行打磨抛光处理。由于工期较短、安装经验不足，同时石材旋转角度大、造型多等原因造成了安装完成后接缝、碰角等问题，需在施工过程中及后期对每个接缝处进行打磨抛光处理。

总统套房

酒店总统套房室内设计完美呈现了中西文化的融会贯通，西式的光影伴以中式的陈列，大胆而不失沉稳。顶棚造型借地面功能分区设计跌级替换关系，巧妙地展示了顶面造型装饰艺术，同时实现了建筑遗留的空高问题，聚光灯与暗藏灯带的交相辉映为顶面造型艺术增添光彩。地面梵纹红大理石铺设搭配具有中国元素的牡丹花手工地毯，将分散的各功能区域有机联系起来，巧妙地呈现了中国文化与西式文化的结合。

总统套房

客房（一）

客房

酒店客房设计以西方艺术对画像、光与影、透视法等元素的运用，结合中国绘画技巧的笔墨情趣、诗情画意，展现中西文化和谐交融的艺术氛围。设计风格大胆新颖，与建筑设计理念完美地结合在一起。客房以木饰面和墙纸硬包为主，卫生间墙地面均为梵纹红大理石，卫生间洗手盆台面采用雪花白大理石，红白相称。材料选用雀眼灰木饰面、梵纹红大理石、雪花白大理石、墙纸硬包、茶镜、不锈钢收口条。

客房（二）

北京瑰丽酒店

项目地点

北京市朝阳门外大街 1 号京广中心

工程规模

6100 万元

建设单位

香港新世界发展有限公司

设计单位

澳大利亚 BAR Studio

开竣工时间

2011 年 11 月—2014 年 12 月

获奖情况

2018 年获评福布斯五星级酒店

社会评价及使用效果

原北京京广中心，曾经是北京最高的地标性建筑，是集五星级酒店、高档写字楼、豪华公寓于一体的综合性建筑

北京瑰丽酒店内景和外景

设计特点

酒店的设计以“都市田园”为主旨，大隐于市，闹中取静，在时尚的品位中融入宜人、恬静的田园风格，酒店首先以矗立在门口的“龙之子椒图”青铜雕塑体现这一理念，以山边隐居之所为灵感。宾客驱车驶过作为酒店守护神的宏伟青铜龙之子，进入酒店郁郁葱葱的庭院，仿佛走入一座城市绿洲。

作为中国首家以瑰丽酒店为品牌的酒店，与传统的五星级酒店只追求硬件不同，它卓尔不群，将现代精致奢华提升至更高层次，将北京这座世界历史古都的文化、历史与地理特色充分融入其中。

酒店正对京城地标中央电视台总部大楼和中国尊，可谓京城之中难得的一处都市桃源。酒店秉承“A Sense of Place”的品牌理念，充分展现酒店所在地的历史、文化和鉴赏力，既完美诠释了古典与现代交融的北京特色，又让宾客尽情领略北京这座国际大都会的无限风采。

空间介绍

5 层酒吧浮动地台

设计

酒店独有的休闲魅（MEI）酒吧为入住宾客提供优质的个性化服务及专属奢华享受，能满足客户多样化的社交需求。

材料

为尽可能减少五层魅酒吧产生的噪声对楼下造成的干扰，在地面施工节点设计中加入了防震胶，上面铺设钢槽和防水板、混凝土加陶粒的组合方式作为填充层，横向上在与梁交界的端头增设防震垫，这样大大降低了酒吧活动所产生噪声的横向和纵向的传播力度，实现了较好的声学设计，并满足了空间的隔声要求。

休闲魅酒吧内景

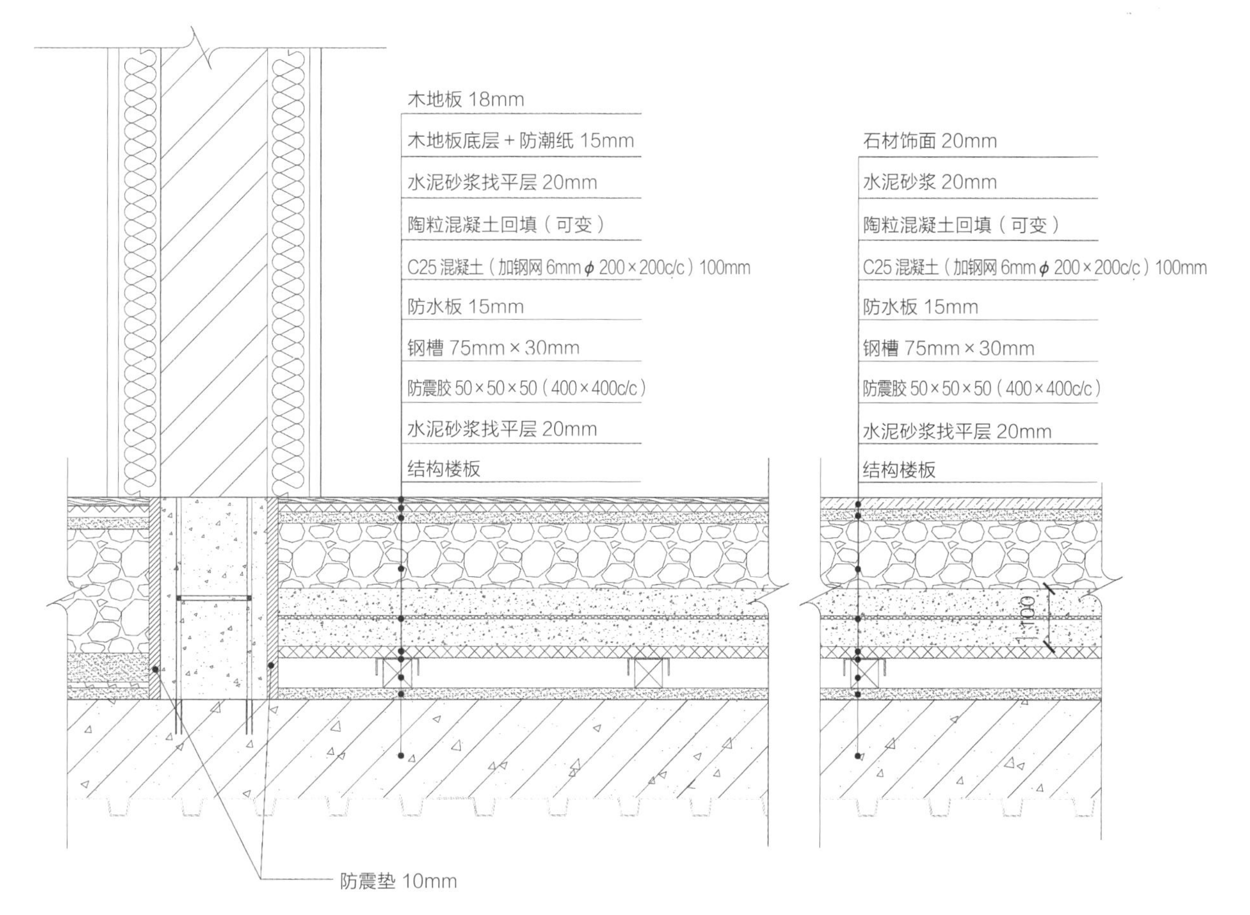

浮动地台节点图

浮动地台技术难点

该项目采用的楼面隔声减震施工工艺，由结构地台所承托但以有弹力的支撑构件将两者完全分隔，对撞击声具有特别好的声音阻断效果，该工艺特别适用于与商业中心或娱乐场所相连的地面隔声，能有效地隔绝撞击噪声和空气传播噪声。

与常见地面隔声施工工艺相比，本次介绍的楼面浮动地台施工工艺有如下优点：具有良好的延伸性，耐老化，不透水，兼具防水、防潮、保温的作用。防振垫上方满铺自吸性塑料薄膜，具备良好的隔声消声性能，避免出现隔声层常见的声桥。本工程减震浮动施工工艺，在橡胶防振垫上方铺设槽钢，然后平铺一层防水板，并在边角进行了加固处理后，根据房间面积大小设置分格缝，上方采取混凝土保护层 + 陶粒混凝土回填相结合的方式，既满足了声学的隔声要求，又减轻了浮动地台的自重。

浮动地台施工工艺

基层清理 铺设前将楼板原浆压光的基层清理干净，确保地面无杂物，施工时确保基层干燥。对突出基层的钢筋头、木桩等要割掉，割至基层表面下 2mm，再用水泥砂浆找平；基层若有高低差，应在阳角部位将混凝土毛刺等尖锐物用打磨机处理；基层若有空鼓，必须将空鼓层敲掉，再用水泥砂浆抹平压光。

测量放线 根据施工设计图纸，确定墙地面完成线位置，由此类推在墙地面标记出地面隔声垫需铺设的高度及宽度，并标好各基层的边界线。

铺设防振垫 铺设之前要根据房间地梁的具体尺寸和防振垫的铺垫要求下料，将整卷防振垫展开，依次以干铺方式铺设，铺设的防振垫之间搭接 100mm，并用 60mm 宽透明胶带纸封闭粘贴固定，以免防振垫施工期间因用力不均匀材料发生移位，也可防止不同分层之间操作发生蠕动。

铺设自吸性塑料薄膜 自吸性塑料薄膜之间搭接不少于 100mm，搭接处用双面胶带贴好，以确保在浇筑混凝土时水泥不会流入防振垫；在防振垫截断处（如墙角处），塑料薄膜应长出防振垫边缘 150mm，并用胶带固定。

水泥砂浆找平 将结构楼板清扫干净后用界面剂处理，铺 20mm 的水泥砂浆进行找平。

铺设防震胶块 将 50mm × 50mm × 50mm 的防震胶块按照纵横双向 400mm 的间距在找平后的场地上铺设成点云状。

铺 75mm × 30mm 槽钢、防水板	根据图纸要求，上铺 75mm × 30mm 的钢槽，槽钢应安装平整，然后平铺 15mm 防水板，并在边角处进行加固处理，根据房间面积大小设置宽度 10mm、高 20mm 的分隔缝。
浇筑混凝土	C25 混凝土浇筑一半厚度时，中间增加一层 6mm 厚纵横间距 200mm 的钢筋网，以增加混凝土的黏接力度。
陶粒混凝土回填	陶粒重量轻，使用陶粒回填，可减少基础荷载，使整个建筑物自重减轻，同时弹性模量较低，允许变化性能较大，抗震性能较好。
水泥砂浆找平	陶粒回填层充分凝固后，用 20mm 的水泥砂浆进行找平。
木地板施工	木地板施工按照图纸及木地板的规格型号，按照要求进行施工。

水镀铜屏风

设计

龙庭私人宴会中餐厅（The House of Dynasties），内设奢华的私密贵宾厅。黄铜与木饰面拼接而成的门把手及黄铜门，与入口丝绸硬包及装饰画组成的门厅交相呼应，营造出昔日皇家餐厅独有的端庄大气、金碧辉煌。

龙庭私人宴会中餐厅贵宾厅（一）

龙庭私人宴会中餐厅贵宾厅（二）

龙庭私人宴会中餐厅贵宾厅入口

入户门把手

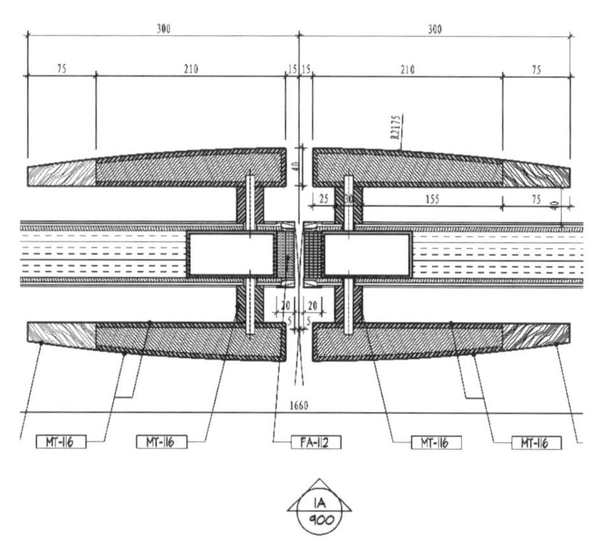

入户门把手横剖图

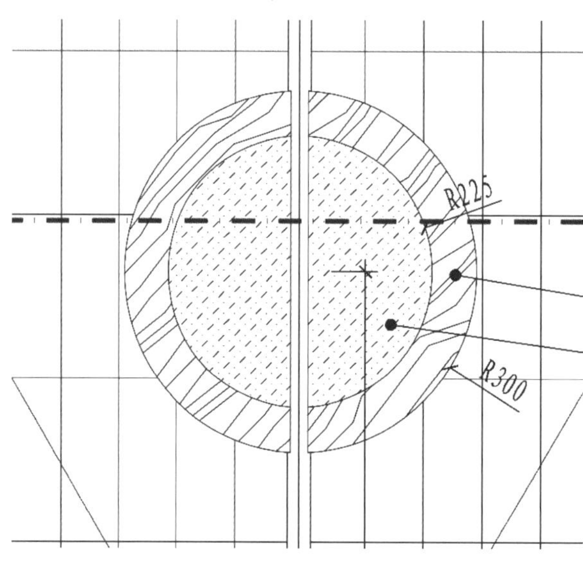

入户门把手立面图

材料

由 80 片 3mm 厚的水镀铜片密拼组成的黄铜门，门的四周是由一圈 70mm 的木饰面边框组成，单扇宽 0.9m，高 2.8m。由木饰面与黄铜两种截然不同材质的弧形拼接而成的门把手展现出了工匠高超的技艺，门把手严格按照各自设计好的内外径加工，然后用特定胶黏剂将二者完美地黏接在一起。

水镀铜施工工艺流程

排版下料 屏风风格样式通常是在图纸确定后才能确定，但如果现场实际尺寸和图纸出入较大，则需要在现场重新划分屏风。屏风通常要考虑是否美观实用、安装是否方便、是否节省材料等问题。

骨架及预埋件的位置确定 根据图纸在施工现场用红外线卷尺等工具定位，标记好膨胀螺栓孔位，打孔安装预埋件，再根据图纸样式安装骨架；安装好骨架后，需根据实际尺寸确定屏风尺寸，在计算机上绘制出屏风的图纸并根据折边及板厚情况绘制相应的激光排版图。

激光切割 不锈钢屏风切割，因材料具有硬度大、导热性强等特点，主要采用熔化切割。将绘制好的激光排版图输入计算机，调节材料参数、激光参数、加工气体参数、轴运动参数，切割之前需调节激光校准，保证切割轴运动发生在工件内，在激光火焰切割过程中，该熔化区进入各个氧气流加热，达到一定的温度时，产生的气化把材料移走，同时借助于加工气体，液化材料从工件下部排除。

折弯 由于金属本身屈服点高、硬度高、冷作硬化效应显著，在设计图中板厚与折弯半径对应的情况下，完全可以满足设计精度要求，根据经验公式计算展开量可简化计算过程，大大提高生产效率。根据画线安装工件，然后刨削至规定深度，一般为板厚的 2/3，折弯前必须检查材料规格、牌号及毛坯尺寸，校正上下模，按画线要求折弯成型，折大圆弧面时在工艺两端贴上等分线，按等分线逐步折成所要求的圆弧。

卷板工艺 卷板是利用卷板机对板料进行连续三点弯曲的过程。按卷制温度不同分为冷卷、热卷和温卷；按板料卷制曲面形状不同可分圆柱体、圆锥体、任意柱面。

卷板工艺确定 塑性变形量 =(外元周长 − 内元周长)/ 中心层周长 $=\pi[(D+\delta)-\pi D]/\pi D\times\%=\delta/D(\%)\times\%$，式中，$D$ 为元筒的平均直径，δ 为元筒的壁厚。为了确保卷板质量，一般在冷卷时塑形量应限制在下列范围内：碳素钢≤ 5%，高强度低合金钢≤ 3%，当塑性变形量超过上述数值时应采用热卷。

卷板缺陷有外形缺陷、表面压伤和卷裂三个方面，须具体分析和采取适当措施来解决。

卷板过程 在卷板机上卷板，板的两端卷不到的部分为剩余直边，其大小与卷板机的类型和卷曲形式有关。而预弯就是将板料两端的剩余直边部分先弯曲到所需的曲率半径，然后再卷弯。对中的目的是工件的母线与辊筒轴线平行，防止产生歪扭。卷圆是在板料位置对中后，逐步调节上辊筒（三辊卷板机）或侧滚筒（四辊卷板机）的位置，使板料产生弯曲，并来回滚动，直至达到规定的要求，弯曲半径用样板检验。

矫圆的目的是矫正筒体焊接后的变形，有三个步骤：

加载，根据经验或计算将辊筒调到所需的最大矫正曲率位置；滚圆，将辊筒在矫正曲率下滚卷 1 ~ 2 圈（着重滚卷近焊缝区），使整圈曲率均匀一致；卸载，逐渐退回辊筒，使工件逐渐减少，矫正荷下多次滚卷。

组装 因不锈钢屏风板面较大，在生产运输及安装过程中极易变形，所以需在背面增加加强筋。在加强筋材质方面，可用不锈钢材质或者镀锌钢板，采用焊接或填充硅胶连接。

成品保护 不锈钢材质极易被尖锐物件划伤，因此在加工完成后，需重新贴上安全膜，以免发生意外导致产品损伤。

水镀铜屏风在泳池的运用

如温室般的玻璃顶室内 Sense® 泳池为北京豪华酒店首创，葱郁的植物及令人放松惬意的平台为宾客打造难以忘怀的休憩之所，宽大的游泳池宁静宜人，宛若都市里的一隅绿洲，在此尽情放松身心，享受无限舒心。

Sense® 泳池

蚀花花型图案水镀铜屏风

火山岩石材

设计

火山岩橱柜兼具冷藏、加热、备餐、装饰功能，全部为个性化定制，小长条的设计元素被运用到侧边硬包上，流露着时尚气息，整块从澳大利亚定制加工的光面火山岩使得整个台面晶莹剔透、美轮美奂，令顾客体验尊贵而又别致的就餐享受。

材料

利用天然火山岩耐高温的特点，橱柜内嵌电加热装置，可直接加热火山岩，由其导热加热、保温，同时内嵌一体式冰箱，可供冷藏使用，柜体侧边皮革硬包密拼排列，置于木踢脚上侧内收5mm 收口。

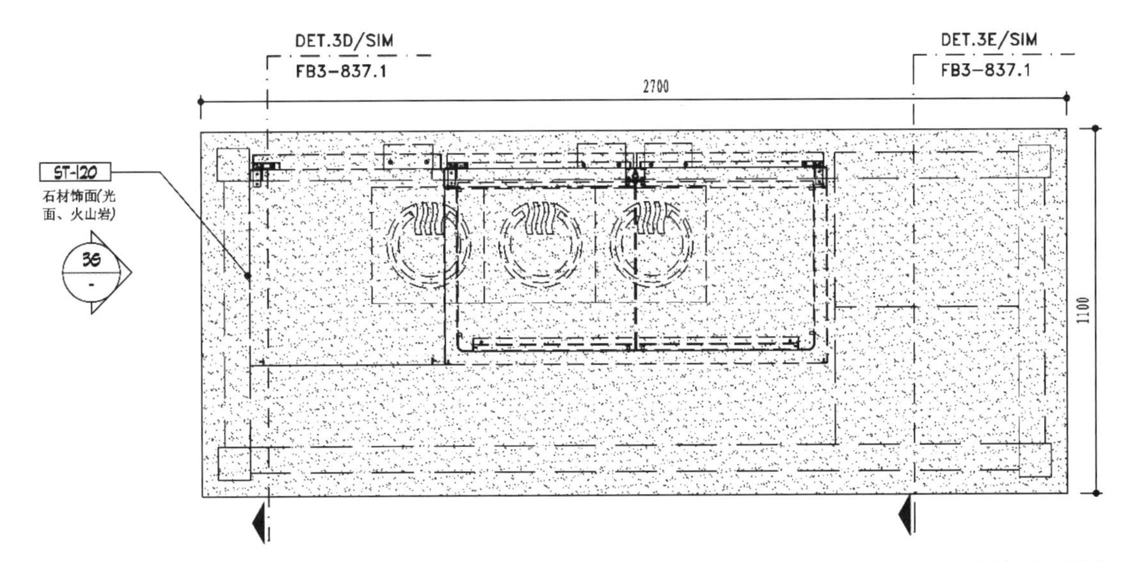

火山岩台面平面图

火山岩台面

枕木饰面

设计

时尚的赤火锅餐厅（Red Bowl）将正宗的四川火锅从大众化提升到全新高度，热闹的气氛是中国人与新朋旧友对欢享美味的独特诠释，可容纳 16 人团体宾客的包间“麻”可以让宾客以最自在的方式与亲朋好友共享美食，品尝厨师专属定制的套餐及服务。火锅餐厅采用废弃的枕木环保材料，将废弃物再利用，与木饰面、不锈钢、瓷砖等现代装饰艺术相结合，加上红色的餐具、灯具的映衬，相互搭配，相互融合，共同烘托出了热闹喜庆的就餐环境。

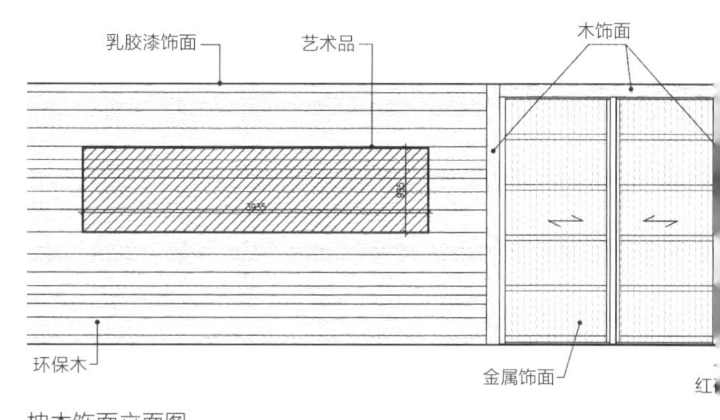

枕木饰面立面图

材料

收集厚度 60mm 左右的废弃枕木，并将其切割成 15mm 厚薄片，清洗干净后涂上环保型油漆，然后作为饰面材料黏接上墙。

废旧红砖

魅（MEI）酒吧别出心裁地以废弃红砖为主要饰面材料，创造出了酒吧古色古香的典雅格调，令置身其中的宾客如痴如醉，久久难以忘怀。

赤火锅餐厅开敞区

赤火锅餐厅 16 人“麻”包间

休闲魅酒吧

魅酒吧火炉

深圳宝安国际机场 T3 航站楼

项目地点

广东省深圳市宝安区福永镇福永码头

工程规模

总建筑面积 451000m^2

建设单位

深圳市机场（集团）有限公司

设计单位

意大利 FUKSAS 建筑设计公司，北京市建筑设计研究院（主体设计单位）

开竣工时间

2012 年 3 月—2012 年 12 月

获奖情况

深圳市 2014 年度金鹏奖、2015 年度广东省优秀建筑装饰工程奖、2015—2016 中国建筑工程装饰奖

社会评价及使用效果

深圳宝安国际机场是中国第四大机场，也是地位重要的国内干线机场及区域货运枢纽机场。建筑高度 46.8m，建筑层数地上 5 层，地下 2 层。T3 航站楼设计目标年为 2035 年，设计年旅客吞吐量 4500 万人次，货邮吞吐量 240 万吨，飞机起降 37.5 万架次。T3 航站楼能最大限度提高深圳宝安国际机场的总体运行效率，做到以人为本、功能齐全、流程合理、造型优美，使之真正达到国际一流机场的设施和服务水平

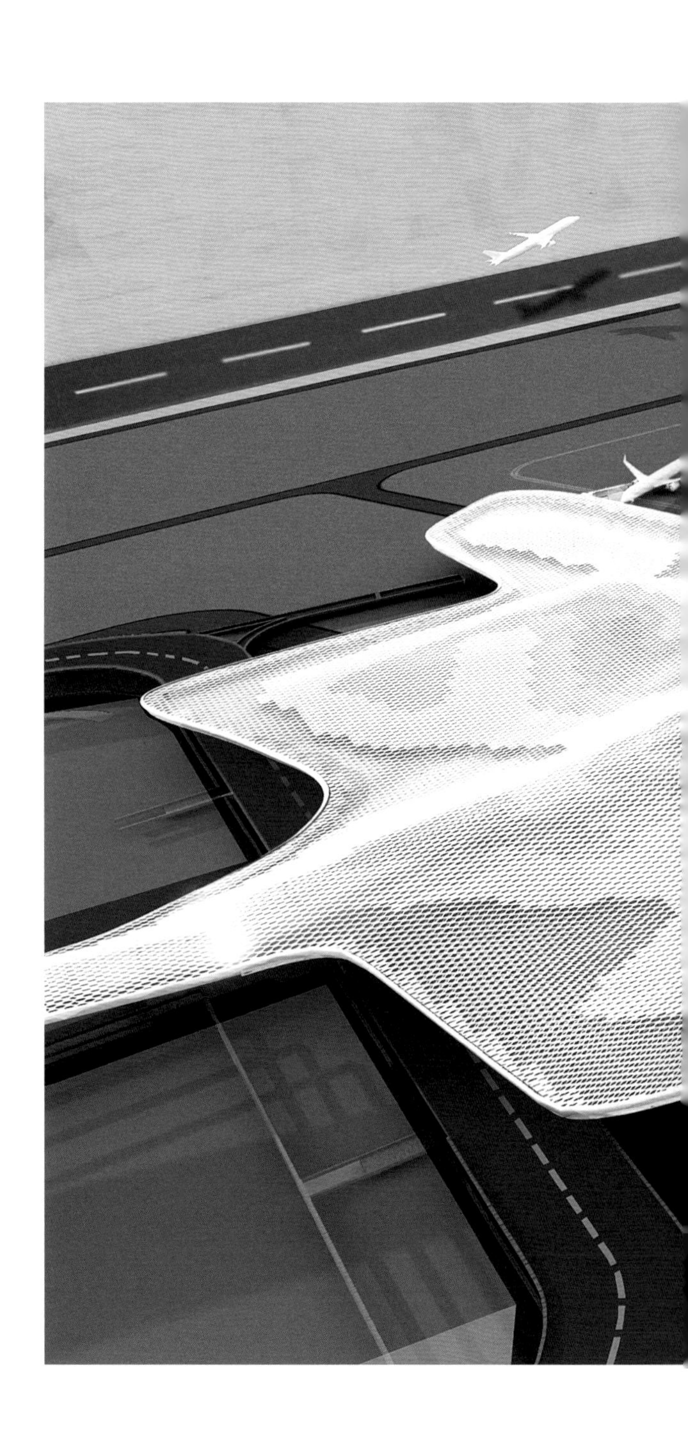

深圳宝安国际机场 T3 航站楼鸟瞰效果图

设计特点

航站楼主指廊三层公共区装饰及主指廊屋面吊顶系统工程（含本区域登机桥固定端装饰和全楼空调树钢结构及其装饰面层、含钢浮岛），面积 113710m^2，包含层间吊顶系统、地面系统、卫生间系统、内幕墙系统、栏杆隔断系统、钢浮岛系统、空调树系统、登机桥系统、公共运输系统装饰、主屋面吊顶系统（建筑内表皮系统）、值机岛系统、登机桥舷梯系统。

设计充分结合建筑设计理念和深圳本地环境气候等重要因素，融合了建筑美学、绿色节能和功能实用等多方面元素。

通过利用冬季自然通风、扩展顶层公共区自然采光、优化空调设计等实现绿色建筑理念。

深圳宝安国际机场 T3 航站楼外形呈“飞鱼”状，主指廊的 5 个凹陷区使整个钢屋盖外形显得灵动。无论从外形、建筑材料的选择、内部设计还是施工过程，都贯彻了“绿色建筑”的理念，在设计之初就将节能环保的概念贯穿至各个设计环节，并且在各个系统中采用多项节能减排的新技术、新工艺，成为深圳节能环保理念的标志性建筑。

设计效果主要为“新”“多”“难”

“新”体现在三方面：一是结构理念新，外形为“飞鱼”状，主指廊的 5 个凹陷区使整个钢屋盖外形显得灵动而不呆板；二是构造理念新，钢结构支座方面，无论是关节轴承的尺寸，还是使用规模，在国内外都首屈一指；三是施工技术新，中心指廊区域 V 形柱及缩口钢拉梁施工工艺的创新，使安装过程和卸载完成后整个结构受力均衡，没有明显的应力应变集中现象。

“多”体现在杆件数量多达 26 万件，构件长短不一，壁厚各不相同，节点复杂多变，构件弯曲曲率不同，全体自由曲面，空间异形复杂多变。

“难”体现在两方面：一是自由曲面、复杂节点及构件数量给深化设计、施工带来了极大难度；二是加强桁架构件类型为多内隔厚壁小方管，此类构件在制作过程中的校正、应力消除及确保焊缝全熔透等方面存在很多施工难点。

钢浮岛

空间介绍

钢浮岛

钢浮岛主要分布在 8.8m 标高层和 14.4m 标高层平面，主要分为 4.5m、6m 和 10m 三种高度，其长向沿指廊方向布置。

主要材料构成

3mm 穿孔铝单板，白色氟碳喷涂；12mm 蜂窝铝板，白色氟碳喷涂；19mm 钢化釉面玻璃。

设计

钢浮岛内、外部和顶部外界面均为白色铝单板材质，顶部内吊顶为白色 1m × 1m 方格蜂窝状穿孔铝板吊顶。白色铝板的素雅加上立面钢化玻璃隔断的通透，使整个钢浮岛科技感十足。而钢浮岛在造型方面也选用了与顶墙相同的六边形。以顶墙为面，以钢浮岛为点，做到点面呼应。设计元素的统一性让整个空间成为更加协调的整体。

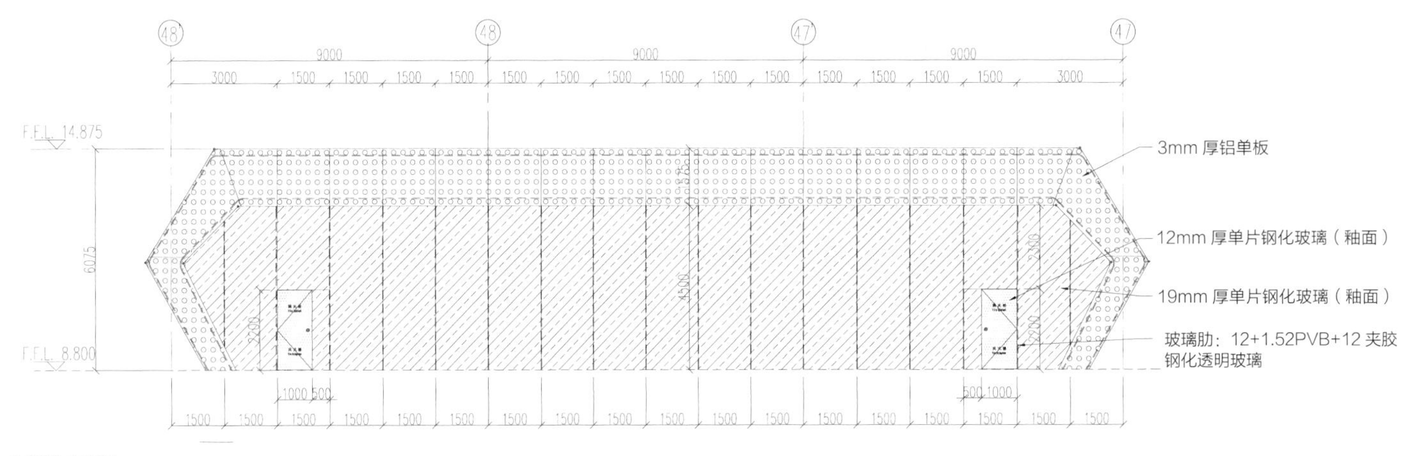

钢浮岛立面图

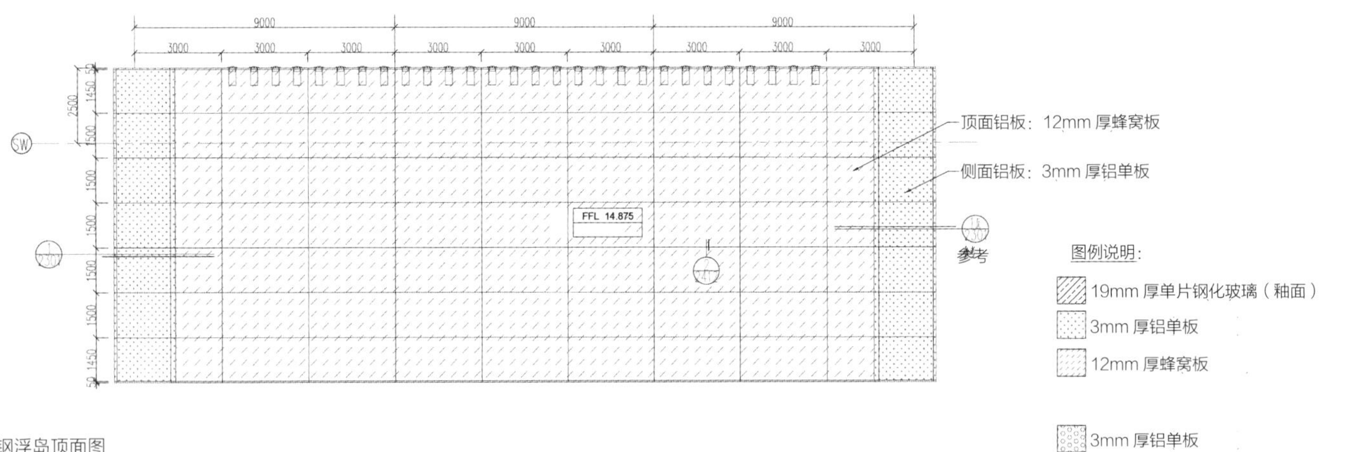

钢浮岛顶面图

12mm 厚铝蜂窝板
ϕ300 球形风口（侧立面）仅适用于有风口的钢浮岛
3mm 厚铝单板
正（背）立面钢结构边线
室内顶棚
3mm 厚铝单板
3mm 厚铝单板
3mm 厚铝单板

钢浮岛剖面图

ϕ300 球形风口（侧立面）仅适用于有风口的钢浮岛
3mm 厚铝单板
3mm 宽铝板拼缝，设在圆弧起点
3mm 厚铝单板（穿孔要求
19mm 厚单片钢化玻璃
参考

钢浮岛大样图

钢浮岛长面的上沿和左右边沿为白色蜂窝状穿孔铝板材质，部分钢浮岛在上沿上设有规则布置的空调送风喷口，少数钢浮岛在短面上部亦设有空调送风喷口。钢浮岛的结构主体由沿钢浮岛长向布置的两根门式箱体钢架构成，在钢浮岛短向方向布置次梁，支撑装修面和机电设备的龙骨均与次梁连接。

钢浮岛施工工艺

根据钢浮岛不同尺寸及样式，在专业厂家定制加工，从龙骨、连接件到其他辅配件均是配套成型产品，方便安装、拆卸及检修、保养。在尺寸范围内不得有型材接头，外表面不得有任何可见的安装孔洞及紧固螺钉，对角线几何尺寸加工误差不应大于 ±1.0mm，纵向扭曲误差应小于 0.1° ，对施工及加工要求很高。所有铝板墙面落地处铝板饰面板须做卷边处理，并完全覆盖支撑体系与地面交接处的构件和接缝。所有玻璃隔断落地处须做隐框处理，与石材交接处留缝需考虑热胀冷缩及视觉效果，在玻璃与石材交接处，设置隔振软垫进行连接处理，石材与玻璃的收口处采用透明玻璃胶收口，既不影响装饰效果，也能防止灰尘积聚。

空调树

主要材料构成

8mm 厚亚克力人造石、3mm 瓷白铝单板。

设计

空调树分布在航站楼一至五层的旅客所能到达的公共区域内，共分为三种类型——小树墩型（T1）、大树墩型（T2）、树杈型（T3）。树形空调柱的形式结合了顶棚起伏斑驳的造型，

空调树

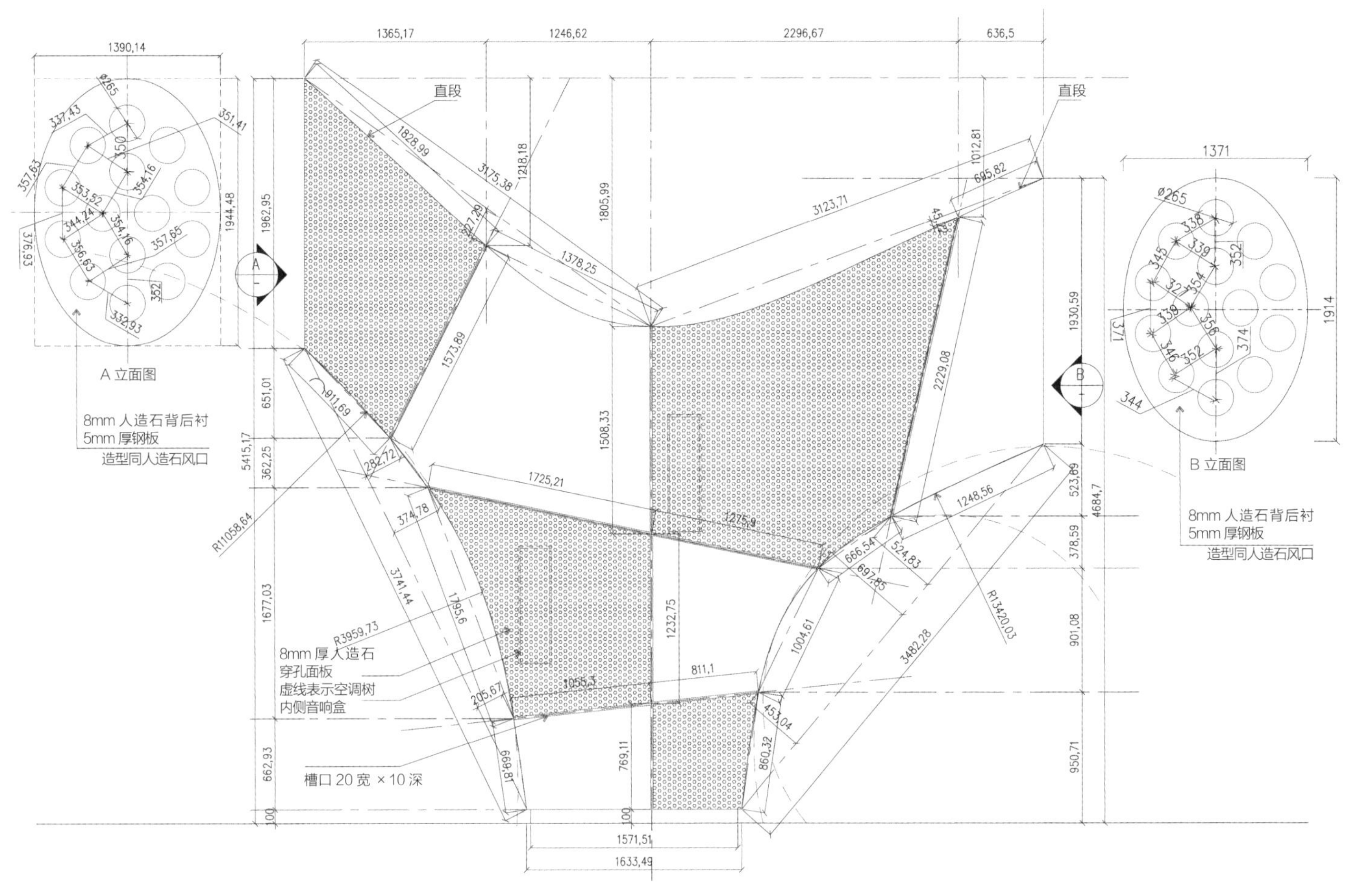

空调树加工详图

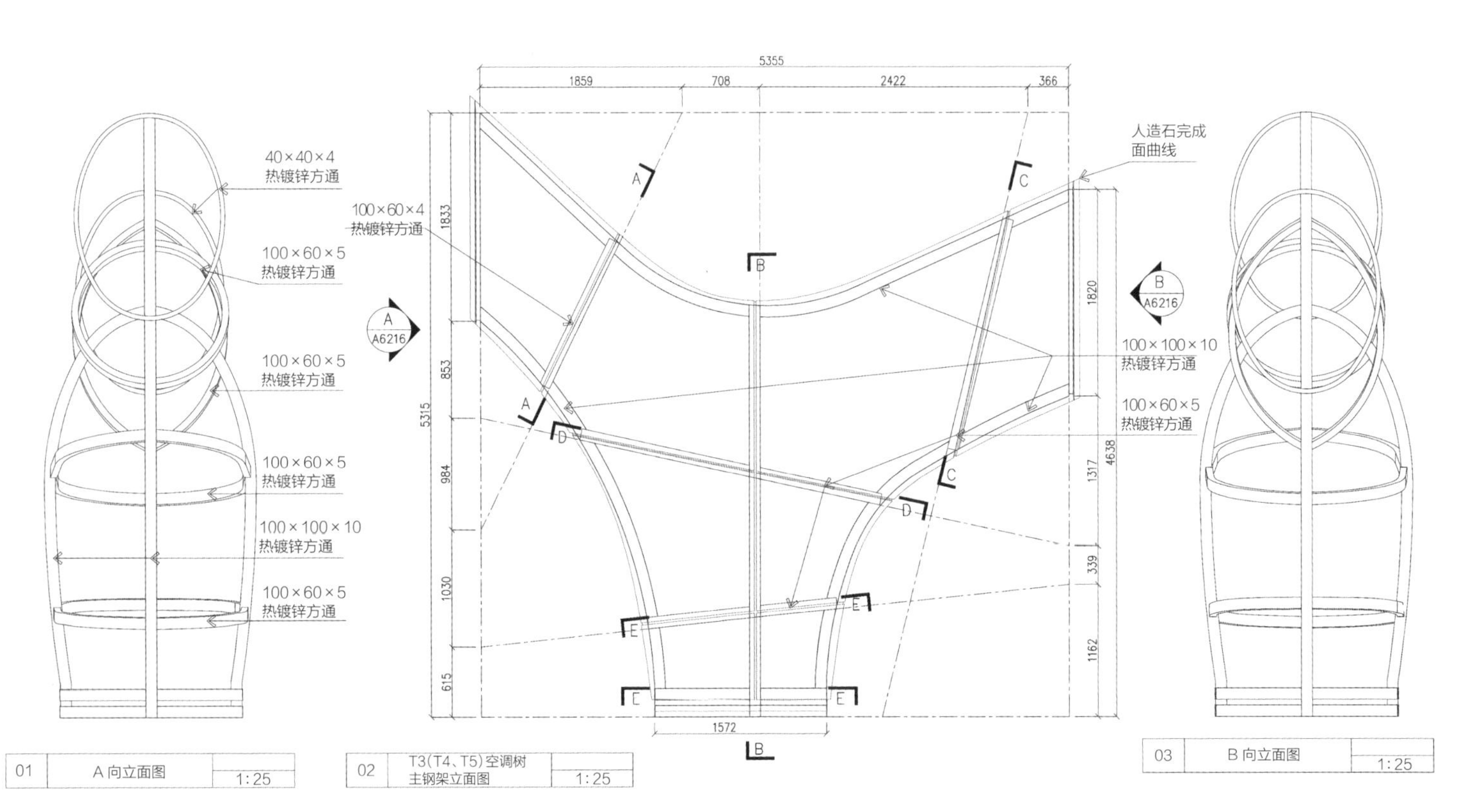

空调树钢架详图

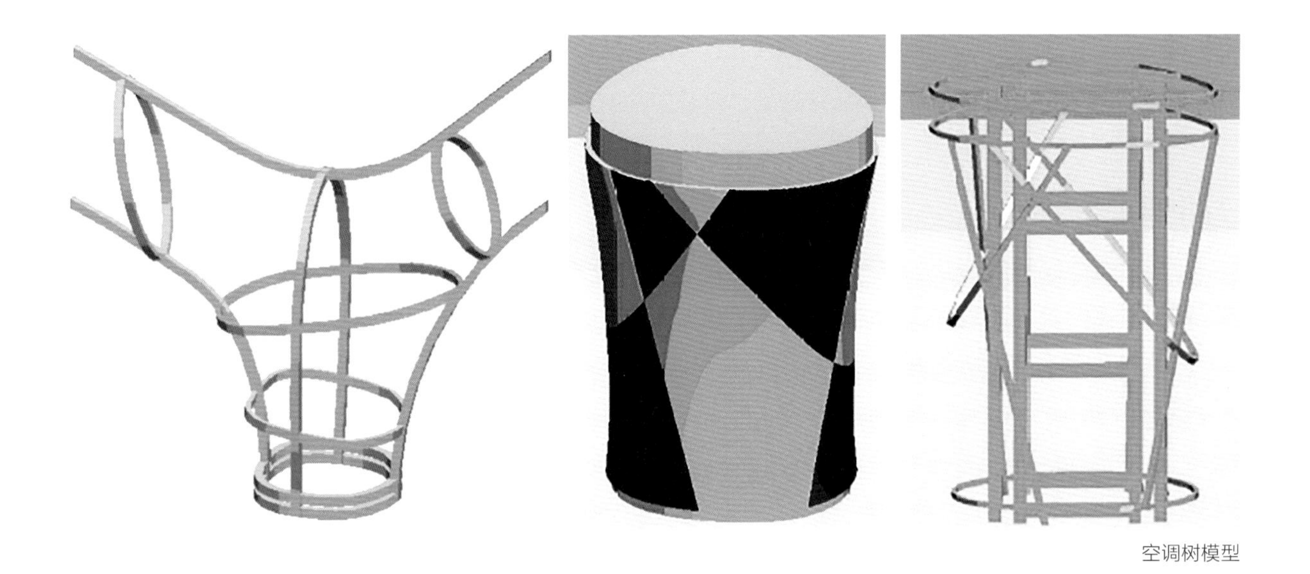

空调树模型

让人有一种置身于深林之中的感觉，同时也避免了空调柱本身对空间的破坏。空调树面板采用瓷白色亚克力人造石材质，分实板区和穿孔区，虚实结合，使整个空调柱更像一个艺术品。

技术难点或技术创新点概述

特点、难点技术分析

空调树系统是本工程一个有特色的创意设计，空调树就像一棵树的枝丫，面层材料采用 8mm 厚亚克力人造石平板和穿孔板混搭，所有块件采用“无缝焊接”技术。由于其造型独特，且要求圆润自然，无任何尖角或转角，块材下单、精准切割及“无缝焊接”难度大。

空调树由于造型独特，为不规则的几何形状，其几何形状以设计模数为基础，板材的加工工艺较复杂，必须依靠电脑三维技术对其进行建模、放样，对深化设计提出较高要求。

由于空调树采用钢结构作为骨架制作安装，在加工制作过程中，应同时满足装修对结构的精度要求。安装上采用带挂勾附框的金属板挂接在次龙骨上，表面要求圆润平滑，对安装提出的要求高。

解决的方法及措施

采用电脑 3D 建模，结合现场实际尺寸，考虑各种伸缩缝及变形缝，整体放样，局部细化，考虑各个收口之间的平衡，考虑曲度及弧度的影响，保证整体观感。

面板可采用模压成型或折弯成型工艺加工而成，但加工过程中必须进行板材的平整处理，板材的加工质量直接影响整个装饰效果。主要构件的制作加工全部在工厂内完成。

空调树施工工艺

测 量 放 线 根据控制线，确定空调树的位置，再对空调树进行精细的测量放线，并将测量数据反馈给深化设计师。

3D 建模下单 采用电脑 3D 建模，结合现场实际尺寸，考虑各种伸缩缝及变形缝，整体放样，局部细化，考虑各个收口之间的平衡，考虑曲度及弧度的影响。

在面板的加工尺寸上，整体调节控制，面板的加工尺寸不可过大，以防止板面变形。如局部板块过大，在背面加设背衬，保持面板的整体造型。

主次龙骨安装 面板的加工质量直接影响整个装饰效果，因此主要构件的制作加工全部在工厂内完成，现场只负责预埋件的安装和成型化构件的安装。

面 板 安 装 面板采用机械连接固定，“无缝焊接”并整体打磨，达到圆润平滑。面板背面固定挂件与基层结构上固定的扣件，形成“子母扣”，按面板编号顺序逐一挂扣固定。单棵树面板挂扣完成，检查固定牢固度、平整度，达到要求后进行“无缝焊接”，整体打磨。

公共区地面铺装

主要材料构成

天然白色花岗石

设计

公共区地面石材为天然白色花岗石，白色石材与顶棚白色金属板相互呼应，简洁大方。石材本身的镜面效果也让地面更加通透。白色石材的运用既不会破坏色彩的整体性，也给整个设计增加了几分灵性。

地面石材施工工艺

石材进场前，对石材的尺寸、色差、完整性等进行检查，并查看在石材厂定尺开孔的石材是否满足设计要求。现场精准放线，用细石混凝土给地面基层找平，根据前期的放线和预排版，铺贴时用高分子益胶泥作为黏结层，同时现场不允许任何切割，使施工现场整洁、清爽，质量隐患少。

公共区地面铺装系统

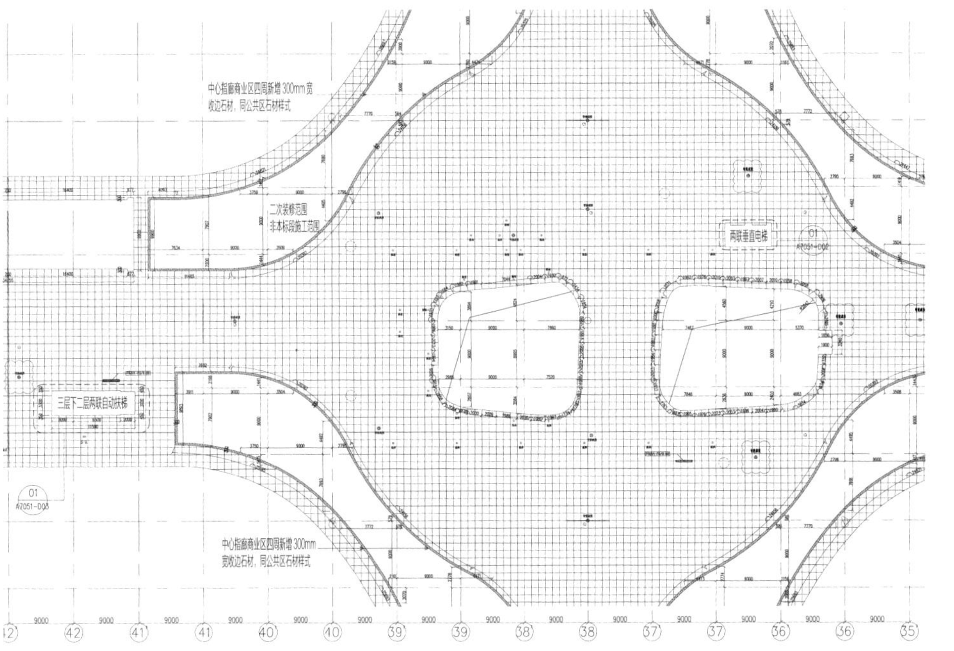

地面石材施工排版图

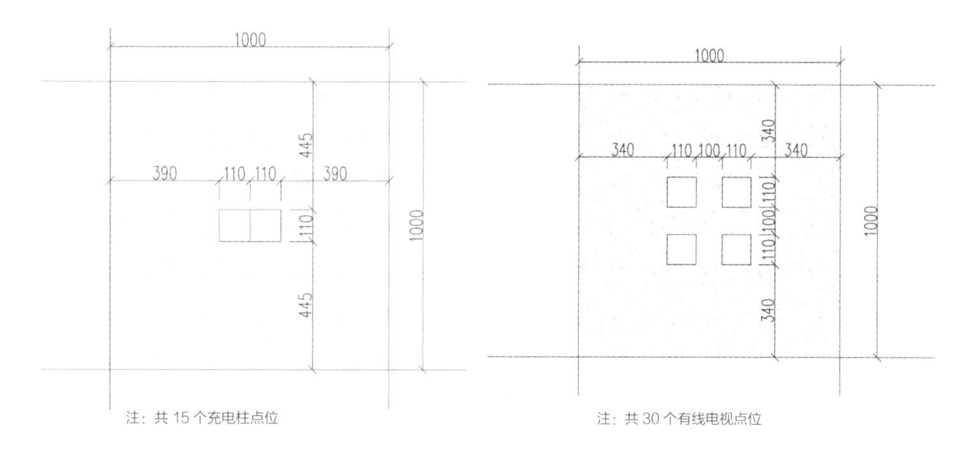

石材定尺开孔图

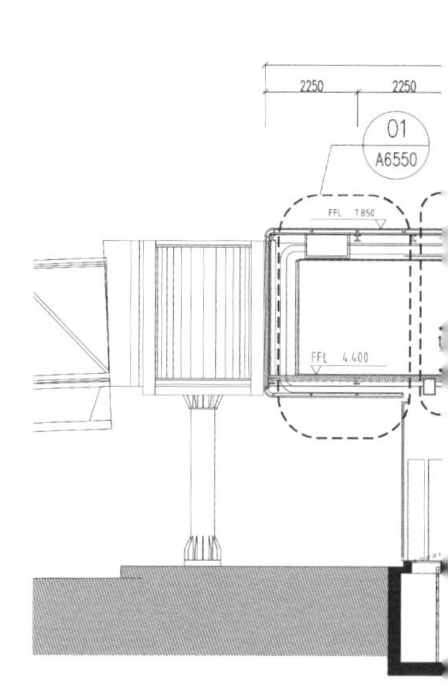

登机桥系统局部

登机桥系统

登机桥系统包括实现飞机与机场航站楼之间的活动连接，是供旅客上、下飞机通行的封闭通道，可以通过行走机构在机坪上实现水平旋转与伸缩运动。

材料

铝单板、不锈钢连接件、深灰色 PVC 防滑地板。

设计

登机桥主要分布在航站楼两侧，其长向沿指廊方向布置。通道内装饰简约，主色调为白色，采光良好，和室内装饰联系紧密。

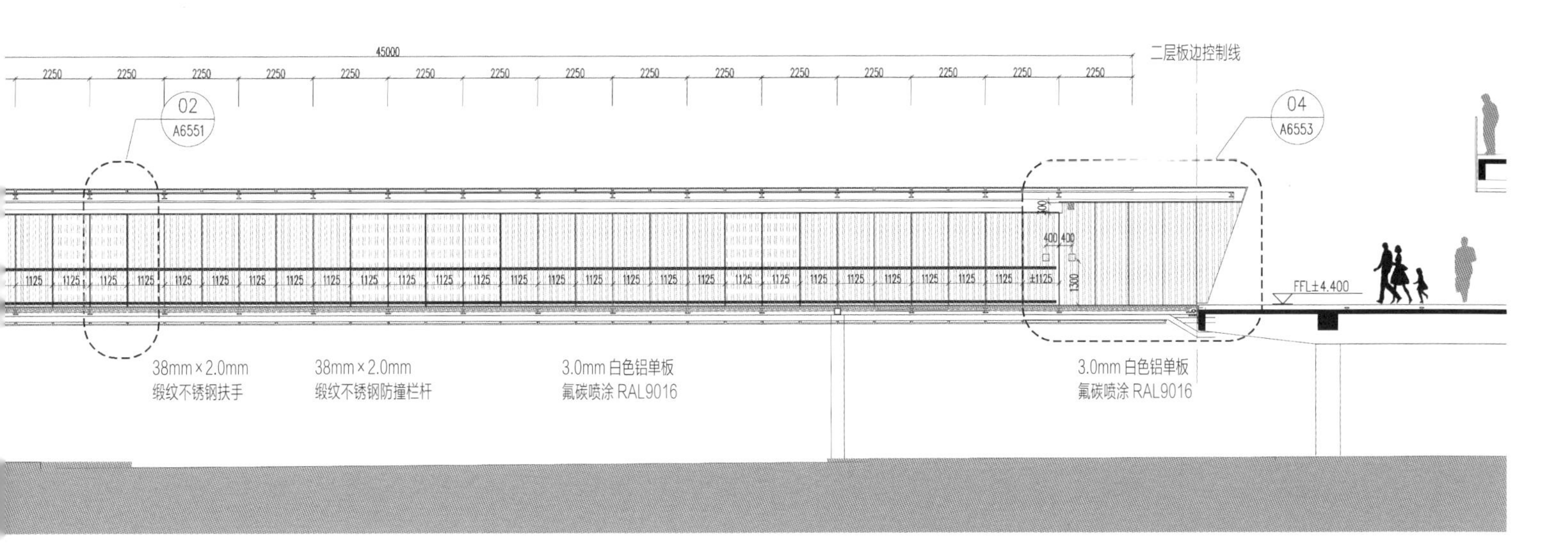

登机桥立面图

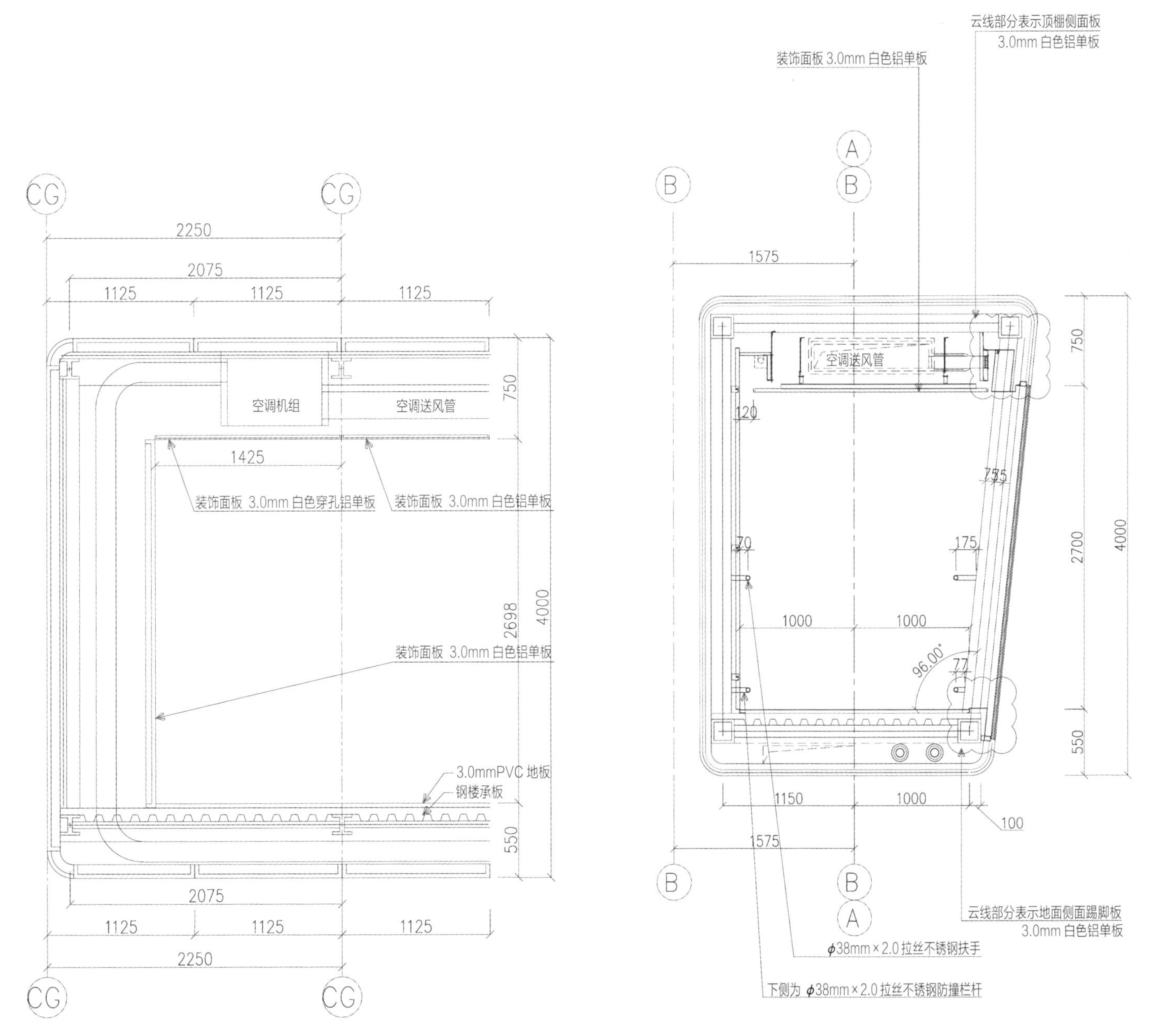

登机桥剖面图（一）

登机桥剖面图（二）

登机桥施工工艺

通过吊杆、轻钢龙骨系统将 3mm 白色铝单板固定在顶棚钢骨架基层上；通过挂件将 3mm 白色铝单板固定在墙面钢骨架基层上，并且上下分别设置 $\phi38\times2$mm 拉丝不锈钢扶手和不锈钢防撞杆；先用水泥砂浆找平，在找平层上使用底油和自流平，最后通过粘胶层将 3mm 深灰色 PVC 安全防滑地板粘贴在地面基层上；通道内各专业设备齐全，顶棚上设有安防系统球形摄像机、消防烟感、应急疏散出口指示标志灯。在防火方面，室内所有材料燃烧性能等级都达到 B1 级以上，并且此区域与外界隔离，可作为单独防火分区。

主屋面吊顶系统内表面

主要材料构成

白色蜂窝铝板、拉杆、滑槽、合页连接片、爪板、三段式铰接连接杆。

设计

主屋面吊顶系统整体上具有圆滑的曲面，整个吊顶随着主体钢结构呈现不规则波浪形曲度变化，展示动感流畅的屋面。每个单元由不规则的双曲面组成镂空的六边形，在阳光的照射下，呈现变幻无穷的光影效果。地处珠江入海口的宝安机场 T3 航站楼选择生物体作为建筑建造的灵感来源，将建筑与自然的关系友好地建立起来，以谦虚的姿态融入海洋与大地，追求与自然环境的有机融合，如同生物一样成为自然界的组成部分。

特点、难点技术分析

建筑内表皮采用白色蜂窝铝板，尺寸大，板面基本尺寸为 4.5m × 1.5m，板块不规则。施工面积约 96624m^2，其中蜂窝铝板约 83429m^2，实腹铝板约 13195m^2，次钢结构用钢量（钢檩条）约达 1040t。

主要受力构件要求三维可调节转接连接，面板能从系统安装单元上方便拆卸，每个单元要能整体拆卸，以便进行维护和更换。

内表皮系统设有向下翻转的带铰链检查口和应急下降逃生口，以便进入或逃出屋面网架间的维修马道。

主屋面吊顶系统内表面

吊顶系统采用工厂预制的单元板块，固定在下部空间构架节点上，单元框架通过转接支架构件与空间构架固定。连接构造应可以调节，适应双曲面屋面上不同的固定条件。支架上部与球节点法线方向固定，在不同角度折边时，面板之间缝隙通过背板铝压条遮挡，整体效果为面板连接处不可透光。

建筑内表皮系统为双曲结构，尤其是在上凸区及下凹区连续变化区域曲面处，曲率变化较大，受力情况复杂，需要较强的三维设计、安装能力，使内表皮系统结构受力安全，制造安装精确，完全符合建筑设计意图。

解决的方法及措施

将屋面内表皮系统作为独立的装饰内容来考虑系统的深化设计，需要有系统研发能力和较强的三维设计能力的设计团队。

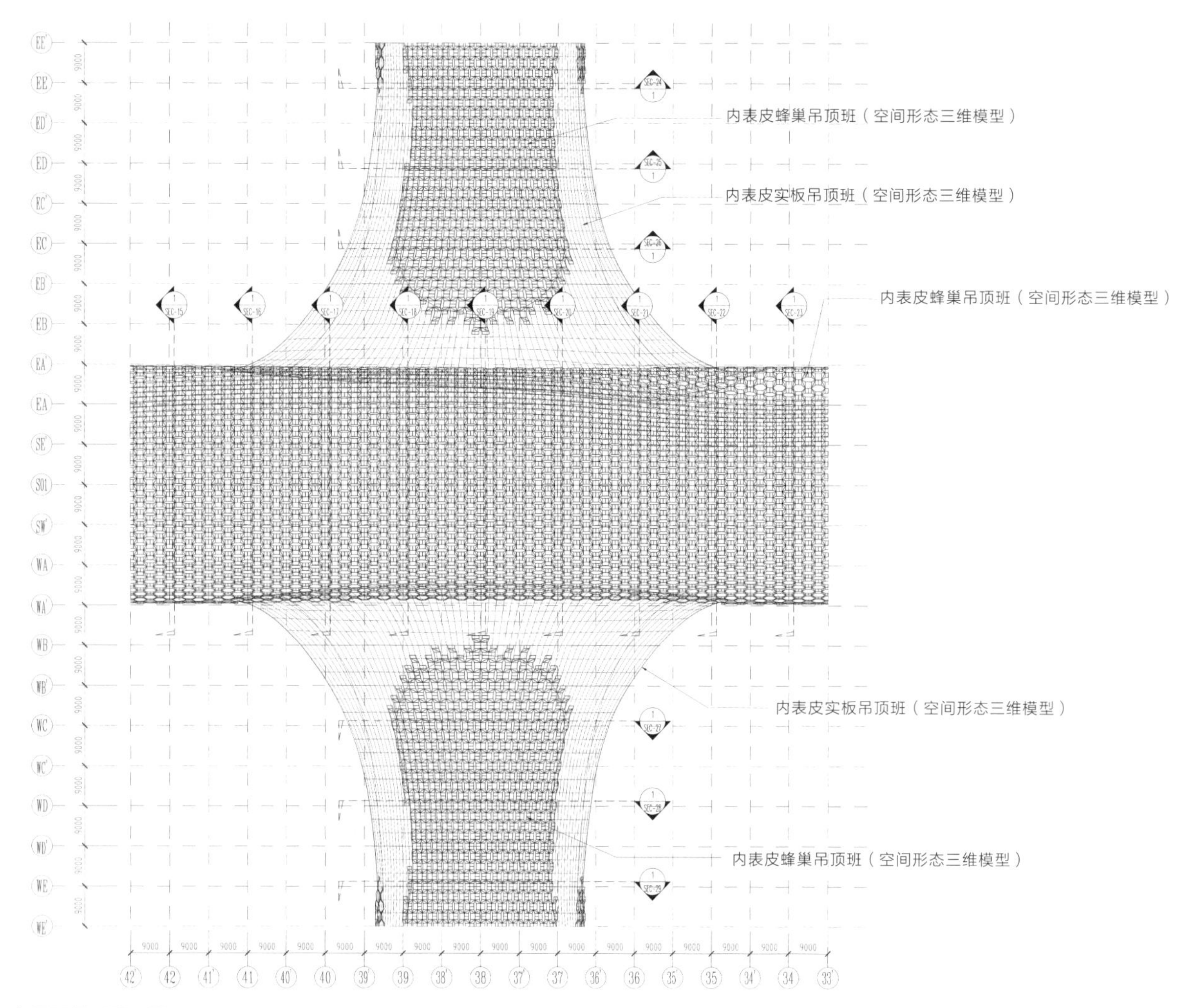

主屋面吊顶平面图

选择具有大型机场建设经验和成熟施工经验的材料供应商。要求材料供应商提供微缩模型，包括系统双曲面段、4 个连续网架单元下内表皮系统装配的所有接口元件的模型。

对系统连接处钢结构节点的构造、设计吊挂配件与焊接球进行焊接。对主体钢结构不进行切割、钻孔。原结构设计提供连接节点的地方及具体构造，须征得结构工程师认可后，方可施工，保证所有的接头在施工前都接受过必要的检验。

蜂窝板的板芯采用铝合金蜂窝芯材，采用热压成型或真空加压成型，均由工厂化加工完成。

所有蜂窝铝板均采用双面预滚涂氟碳漆工艺处理，铝单板采用氟碳三涂。所有涂层均满足环保要求和涂层厚度要求。

现场采用整体吊装工艺，施工前采用三维动画演示，确定装配施工的样板段后，才进入大面积施工。

现场派专业技术人员进驻材料工厂，监督、协调材料生产情况，解决工厂与施工现场的技术问题。

主屋面吊顶施工工艺

测量放线 内表皮吊顶系统主体结构以 2.25m 为分隔体成等距分隔，按照坐标控制点利用全站仪精确定位，将内表皮系统按照 2.25m 分隔 1 ： 1 比例放样。通过全站仪将三维体系转化成二维体系，根据施工图尺寸，发现三维调节装置区节点与现场实际节点之间的差距，通过二次深化，由设计图纸定位面板安装尺寸修改为定位三维调节装置末端控制点位。根据二次深化节点图按照 1 ： 1 比例在 2.25m 分隔线上定位，将二维体系转化为一维体系。

为确保施工精度，根据三维建模结果，利用全站仪等测量设备采用极坐标测量放线方案，将转接件连接点反测到主体钢结构上，保证工程质量和建筑效果，保证安装精度。

次梁钢骨架安装 航站楼的主体由长轴为 9m 的菱形网架钢结构组成，上下弦杆之间用腹杆连接。安装内表皮时，首先在主体钢结构网架下弦杆菱形网架的中部焊接次梁钢骨架，通过次檩条将主体钢结构网架下弦杆分隔成长轴为 4.5m 的菱形网格。

三维调节装置定位焊接 根据测量放线定位尺寸，将垂直测量仪器设在分隔点位上，精确定位三维调节装置末端点位标高。将三维调节装置按照标高尺寸焊接在主体结构上。

组装面板 将与三维调节装置连接部位板块按照施工图要求进行拼装，拼装时根据施工剖面图对应的板块尺寸、连接杆件的尺寸、连接角码的角度进行拼装。先对板块进行预拼，尺寸符合要求后再安装连接压条，连接压条通过螺栓固定在板块上，再安装连接爪件，随即安装遮光条，完成后再安装连接杆。

面板吊装与三维调节装置连接、连接板块安装 将预先拼装好的板块按照排版图进行吊装，并固定在三维调节装置上，最后安装连接板块。由于本工程施工区域为三层主指廊区域，上凸区及下凹区连续变化区域曲面、曲率变化较大。为满足安装要求，根据现场实际施工条件，采用多种施工方案进行施工。

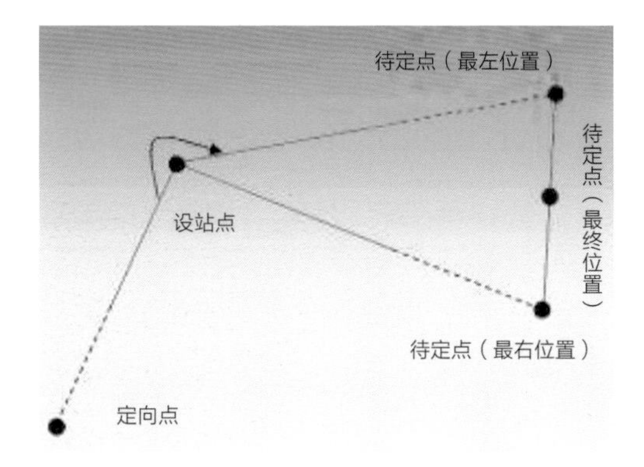

极坐标放线示意图

板块拼块完成

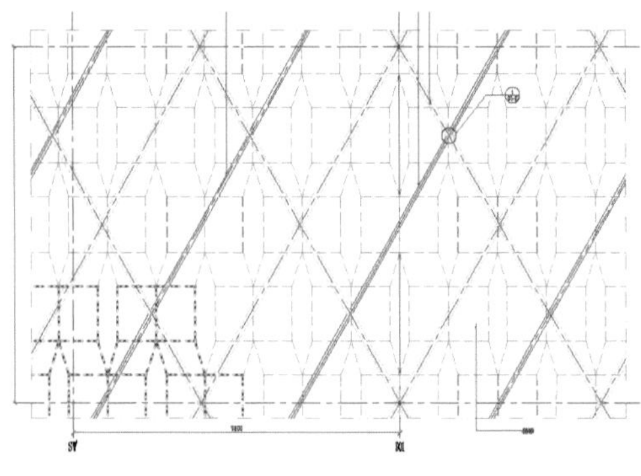
次梁钢骨架平面示意图

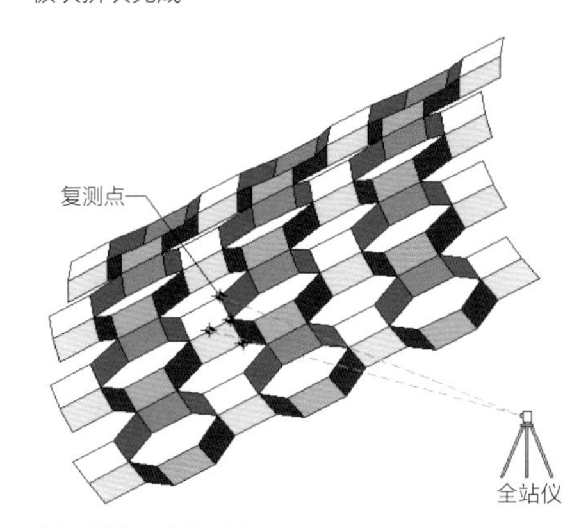

全站仪测量放线示意图

栏杆系统

栏杆系统采用不锈钢玻璃栏杆形式，玻璃栏杆可以在保证安全性的前提下，使空间更加通透，削弱对视线的阻碍。玻璃与原色拉丝不锈钢结合，简洁大方，和整个设计风格相得益彰。材料选用 8+1.52+8 钢化夹胶玻璃、不锈钢栏杆、不锈钢扶手。

栏杆系统施工工艺

通过预埋板和锚栓将不锈钢栏杆和不锈钢驳接爪件固定在混凝土基层上，经过计算满足安全性能要求后，再在不锈钢栏杆和不锈钢驳接爪上安装钢化夹胶玻璃，玻璃下单需定尺加工，保证玻璃安装快速、高效，整体高强。

室内俯瞰

地面装饰

重庆 T3A 航站楼

工程地点

重庆市渝北区两路镇机场路重庆江北国际机场

工程规模

总建筑面积约 530000m²，造价约 100 亿元

建设单位

重庆机场集团有限公司

设计单位

中国建筑西南设计研究院有限公司

开竣工日期

2015 年 10 月—2017 年 8 月

社会评价及使用效果

重庆江北国际机场 T3A 航站楼地上四层，主楼设有两层地下室；整个建筑基础为独立柱基础（部分为机械旋挖桩基础）。航站楼结构除屋盖为大型钢结构屋盖以及屋盖支撑立柱为钢结构外，其余均为钢筋混凝土框架结构。索玻璃幕墙体系面积约为 75000m²，是全亚洲最大的索幕墙系统。重庆机场 T3A 航站楼于 2017 年 8 月 29 日投用后，重庆机场基础设施资源得到了极大补充，成为中西部地区第一个实现三座航站楼、三条跑道同时运行的机场，为重庆发挥“一带一路”倡议支点作用和深度融入长江经济带建设提供了重要战略支撑和坚实保障

重庆 T3A 航站楼鸟瞰效果图

设计特点

重庆江北国际机场 T3A 航站楼具有前瞻性的规划策略，合理的功能布局，因地制宜的设计理念，是优美大气且体现地域特色的一种建筑形态。从外观上看，航站楼呈 H 形，流畅交织的形态寓意重庆特有的“两江汇流”；正立面舒展起伏的屋面线条好似“比翼神鸟，展翅欲飞”，契合航站楼特有的飞行属性。

重庆江北国际机场 T3A 航站楼的 H 形，能在同等用地条件下提供相对最多的近机位，同时也便于飞机高效运行；同时，H 形航站楼使旅客中央处理大厅到 4 条登机指廊的距离均衡，能有效缩短旅客步行距离。

设计 T3A 航站楼时，就特别重视旅客流程设计。通过合理的构形、设施布局，系统性地减少了旅客的步行距离和楼层间的转换。测算的结果是，无论怎么走，旅客的最远步行距离都小于 700m，这在同等规模的机场里实现了步行距离最小。航站楼造型从来自两侧指廊的曲面向中央汇聚，从高空俯视像是两只大鸟的翅膀合在一起，如同“比翼神鸟”，寓意城市和谐发展，走向世界的美好愿望。航站楼构形以流畅的曲线为基调，顶部采用高侧窗代替传统机场的水平天窗，犹如两江交汇撞击出来的波纹，寓意“两江汇流”，突显了重庆对多元文化的兼容并蓄。

T3A 航站楼如同一只展翅欲飞的比翼神鸟，让人想起了古老巴渝神鸟的动人传说。巨大的玻璃幕在阳光下熠熠生辉，整个航站楼外观显得大气磅礴。

空间简介

候机指廊

设计

条形格栅吊顶是一种主、副龙骨纵横分布，结构科学，透光、通风性好的开透气组合铝顶棚，造型新颖，具有强烈的空间立体感和层次感是适宜大面积吊装的又一力作。

指廊

主要功能区划分

T3A 航站楼共分为 A、B、C、D 四个候机指廊，呈 H 形，是旅客候机的主要地点，可有效缩短旅客的步行距离。

主要材料构成

地面采用 1000mm × 1000mm 橡胶地板与 1000mm × 1000mm 芭拉花花岗石材；墙面采用 2.5mm 厚铝单板，1.5mm 厚拉丝不锈钢踢脚线；吊顶采用三维可调爪件、140mm × 80mm × 4mm 方通、140mm × 80mm × 3mm C 型钢的基层钢网架构造，面层 200mm × 50mm × 1.5mm 铝条板，A 级透光膜，A 级张拉膜。

施工重难点、技术创新点

高空间定位放线难度大

指廊部位部分单层面积大、造型奇特不规则，吊顶的层次关系复杂，各设备的定位要求精确，测量工作量大。指廊直线长度达 1000m，测量时需分段测量，测量误差给施工测量带来一定的难度。测量质量的好坏直接关系到今后各个分项工程的施工质量以及施工进度，所以精确的测量放线是本工程的重点和难点。

针对测量放线难题成立专业的测量小组，采用 3D 扫描仪 +BIM 技术，测量数据导入 BIM 模型，建立测量数据的 BIM 模型，并根据 BIM 模型与总包、钢结构等单位交底的轴线进行尺寸复核，保证测量精度。

三维扫描 +BIM 施工技术

架设扫描仪器，调平水准气泡，设置扫描参数为 1/4，质量为 4X。控制测量采用导线布设，导线等级为一级，具体实测参照《工程测量规范》（GB 50026—2007）执行。为了便于后期扫描，导线平均边长为 50m。布设导线是为了测量标靶坐标，以控制扫描测站拼接误差。

在扫描前进方向布置 4 个标靶，标靶球之间的间隔大于 1m，且不能位于同一直线上。同时在距离扫描设备不大于 15m 的墙柱上张贴棋盘格、标靶纸，标靶纸应与扫描设备正对，一个测站内应张贴 3 张标靶纸。每隔 10 站进行标靶张贴。

在扫描开始时，清场扫描范围区域，尽量不要遮挡标靶球与标靶纸。在扫描的同时，进行标靶纸中心点坐标测量。当一个测站扫描完成后，依次按照设计方案进行下一测站扫描。汇总扫描数据和测量坐标数据，进行数据处理。

测站点云拼接：分段进行扫描测站拼接，然后再整体拼接，拼接后点云测站间的精度控制在 1 ~ 3mm，总体误差不大于 20mm。

目标点提取：采用基于特征的提取方法，通过拟合三个特征平面，三个面的交点即目标点。基于这种方式，目标点重复提取精度可达到 2 ~ 3mm。

最终完成 D 指廊扫描 59 站，B 指廊扫描 36 站，完全覆盖大吊顶区域。

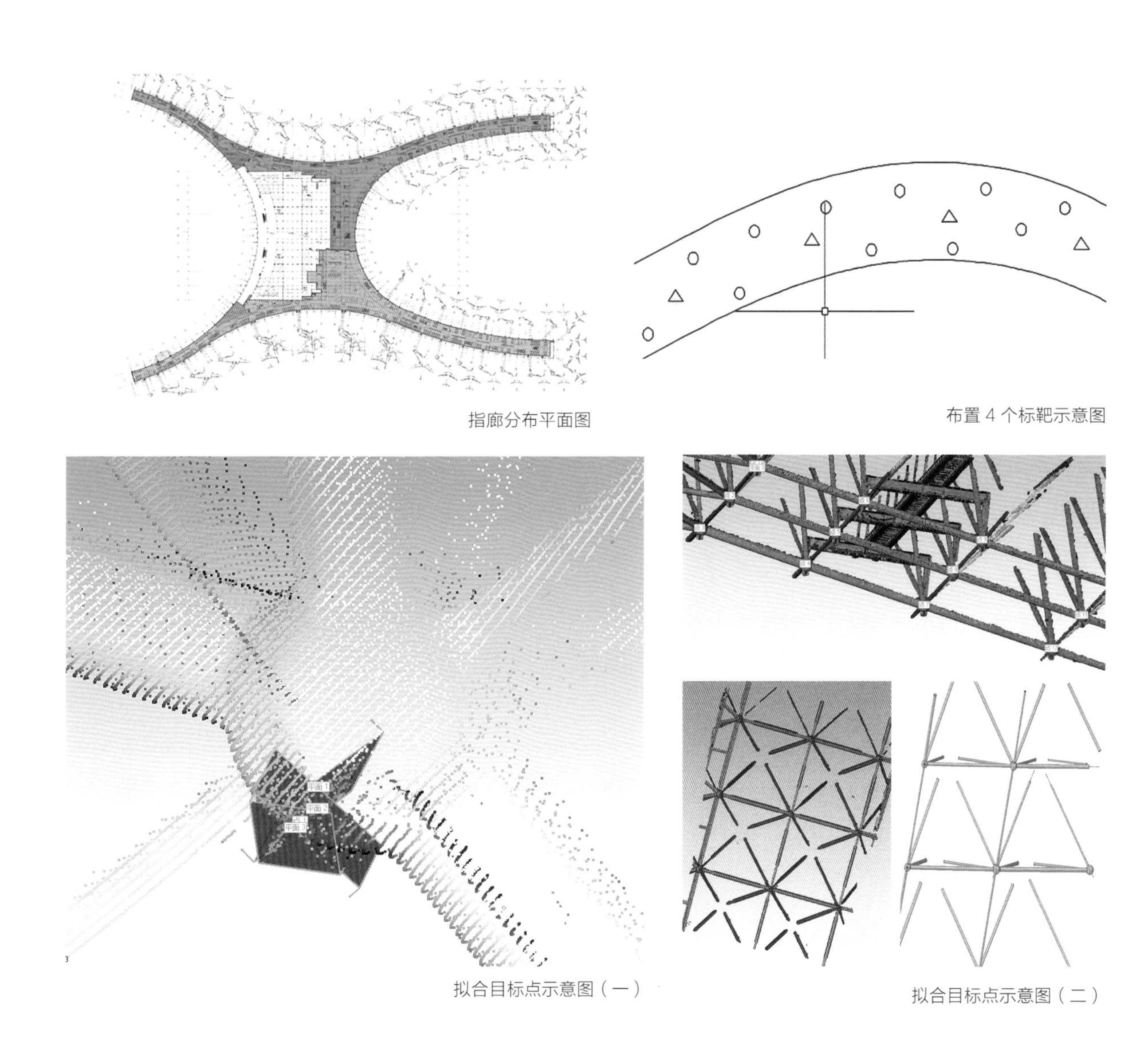

指廊分布平面图

布置 4 个标靶示意图

拟合目标点示意图（一）

拟合目标点示意图（二）

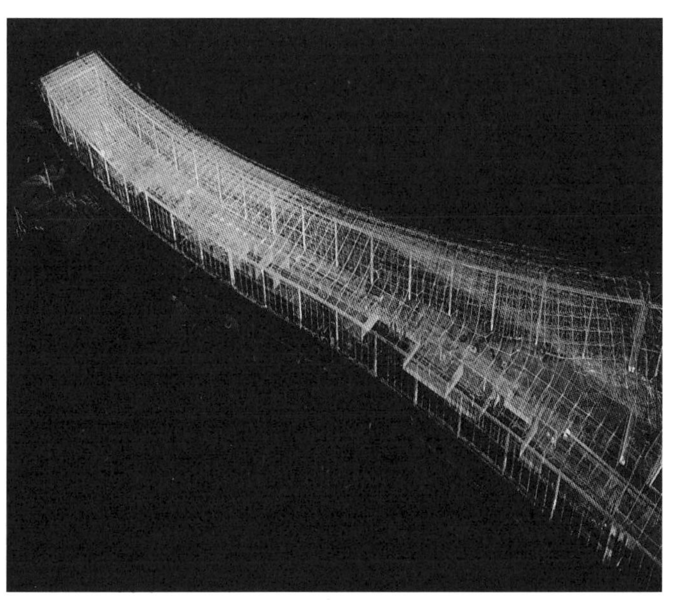

点云拼接后的整体效果图

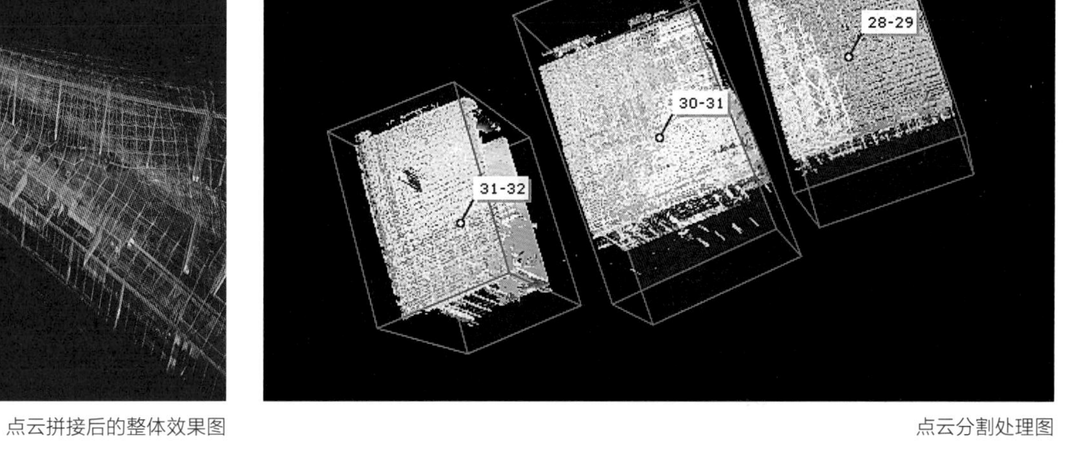

点云分割处理图

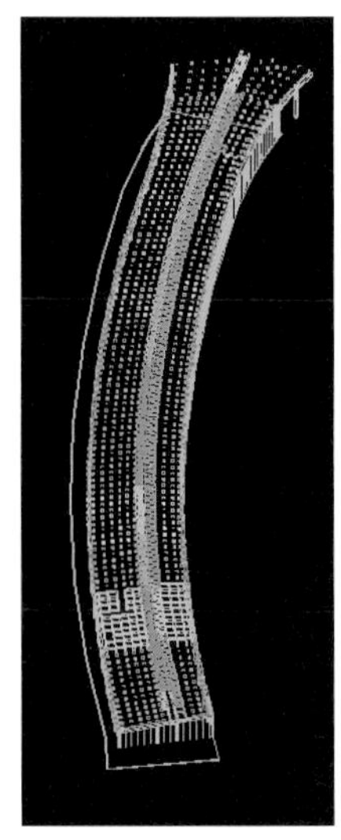

D 指廊结构模型

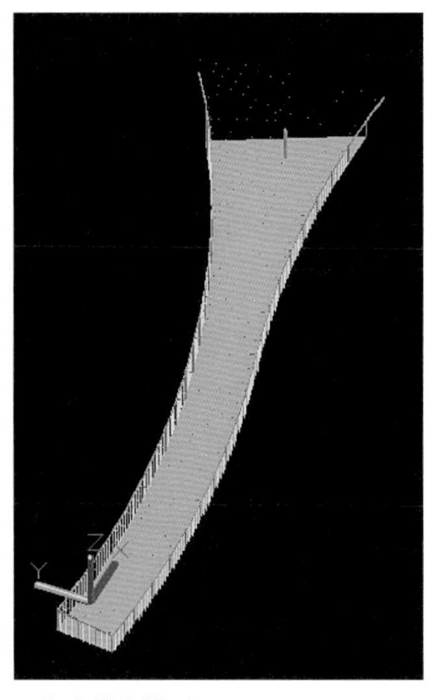

B 指廊结构模型

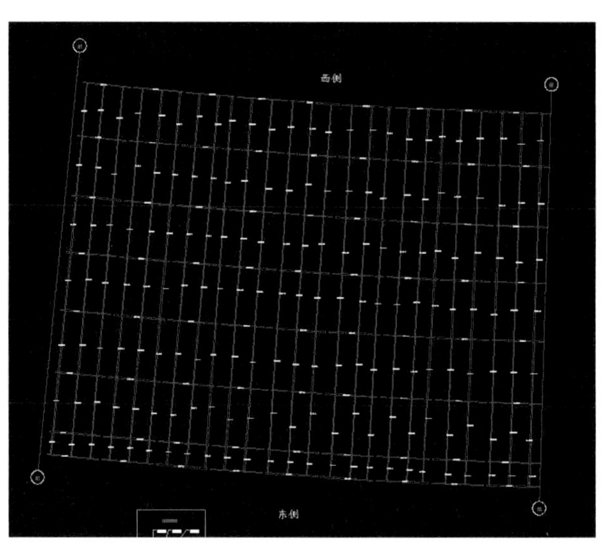

BIM 排版示意图

模型提取：在点云模型里提取需要的数据，包括钢结构杆件、钢架球、钢梁、钢柱等；将点云模型导入 Geomagic 软件中自动生成实体模型；Geomagic studio 基于点云完成对球阀、钢管的提取；在 Geomagic Studio 中构建梁、柱的三角网模型；将在 Geomagic Studio 中提取的模型和三角面模型直接发送至 Geomagic Design Driect 中进行数据整合和建模；在 Design Direct 中完成梁柱提取整合，将提取模型直接保存为 igs 或 dwg 格式，实现与 revit 的对接；最终形成整体结构模型。

BIM 材料排版及下单：通过 BIM 技术对基层钢架转换层及面层铝条板进行排版出图并编号，厂家可以按照加工图加工生产，工人可以按照排版图进行现场定位安装，方便施工，减少浪费。

通过 BIM 模型直接提取基层龙骨及面板规格数据，BIM 中材料的用量以及构件形式、尺寸、质量等参数化信息都可以报表的形式输出，参数化模型能保证统计表与模型量高度统一，相比于传统的人工统计方式要便捷高效。在工厂加工阶段，经过 BIM 深化设计的信息模型降低了工厂加工的难度。

曲面铝合金板条施工难度大

本标段指廊区域吊顶标高变化多，吊顶标高最低点标高为 10.725m，最高点标高为 13.785m，整体呈不规则曲面。吊顶单块面积最大为 4475mm × 200mm，铝合金板总面积约 14000m^2。

机场钢结构屋面呈弧形，主要受力构件是三维可调节转接连接件，面板须能从系统安装单元上方便地拆卸，每个单元要能整体拆卸，以便维护和更换。

建筑吊顶铝板系统为不规则曲面结构，尤其是侧面与幕墙交界区连续变化区域曲面曲率变化较大，受力情况复杂，需要较强的三维设计、安装能力，使吊顶铝板系统结构受力安全，制造安装精确，完全符合建筑设计意图。

施工时，对系统连接处钢结构节点的构造、设计吊挂配件与焊接球进行焊接。对主体钢结构不进行切割、钻孔。应向原结构设计单位提供连接节点的受力情况及具体构造。

铝合金吊片吊顶施工工艺

测量放线	按照设计吊顶造型、空间划分，确定吊顶基层钢架尺寸及固定顶棚钢架的节点位置，同时根据顶棚各个部位的标高核实基层钢架弧形的设计要求。
制作连接件	根据深化设计图，加工定制三维连接爪件。
安装钢主龙骨	通过螺栓将 140mm × 80mm 钢主龙骨与三维连接爪件相连接，并调整好空间角度。
安装吊杆	通过钢套筒将 ϕ8 吊杆固定在主龙骨上，吊杆间距 1200mm。
安装钢方通副龙骨	通过钢套筒将 40mm × 40mm × 2mm 钢方通副龙骨固定在吊杆末端，通过螺栓固定。 由于内表面是连续空间曲面，各个板块的尺寸以及彼此之间的配合角度各异，前期对板块的板片连续编号，按照预先的编号图安装，施工过程中不得将不同编号的板块互换。施工时，先在工厂将接驳爪位置的相邻两个板块按照三维建模结果，用接驳爪等材料组成自稳定的大单元板块，然后整体吊装到与主体钢结构或次钢架相连的转接件上，形成独立的相对稳定的结构。然后安装相邻的大单元板块，大单元板块角点经过复测，满足安装要求后，再安装大单元板块之间的连接板块，将各个单独的大单元板块连接成整体，形成整体受力单元。

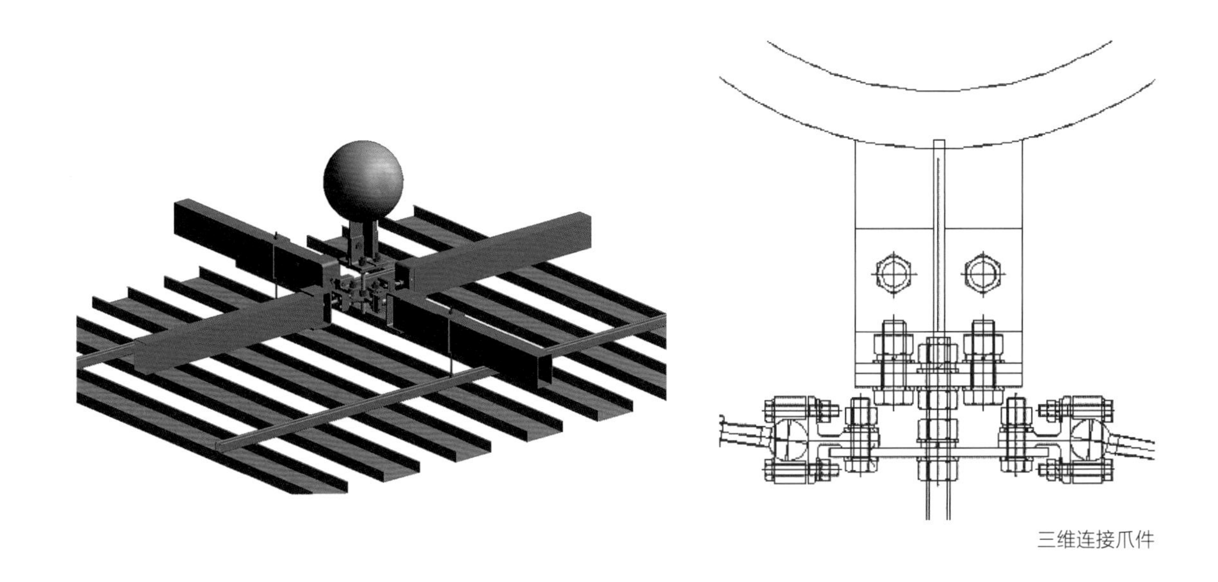

三维连接爪件

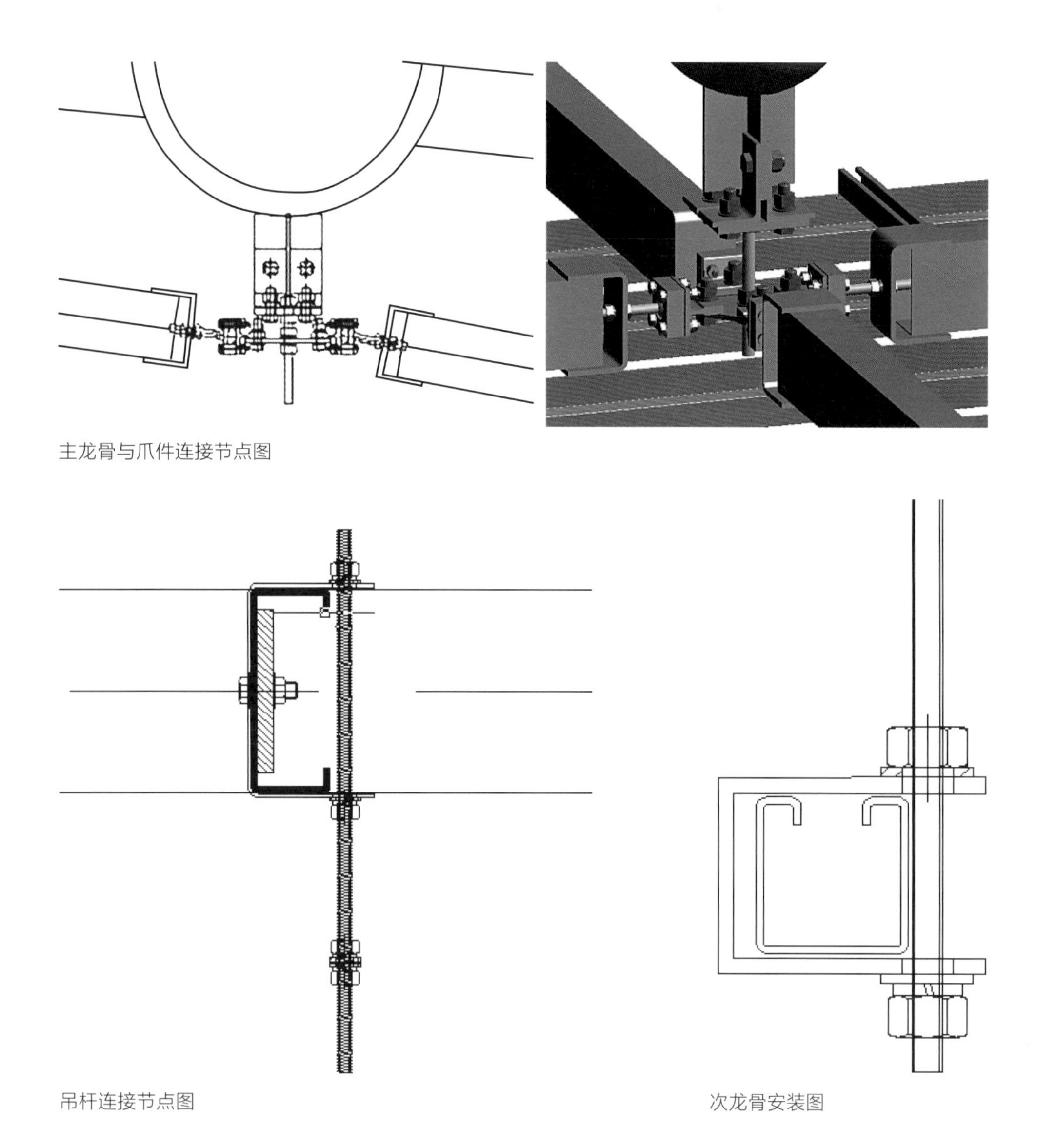

主龙骨与爪件连接节点图

吊杆连接节点图

次龙骨安装图

国际安检通道

设计

格栅吊顶是适宜大面积吊装的又一力作，格栅板富于立体感和层次感；干挂石材质地坚硬，抗挤压，不出现空鼓、开裂等现象，明显提高了建筑的安全性和耐久性；美观，防老化；过渡自然，无色差，立面线条鲜明，高档美观。

主要功能区划分

国际安检区域位于机场出发层L3层B指廊与E区交接的区域，是国际航班安检通道。

国际安检区

主要材料构成

国际安检区地面采用光面花岗石；墙面采用 600mm × 1500mm 芭拉花水洗面花岗石，百叶风口；吊顶采用 30mm × 100mm 铝型材格栅，铝板灯槽；柱子采用白色氟碳漆饰面。

国际两舱

设计

吊顶采用石膏板造型吊顶，地面采用大花白大理石地面拼贴，墙身采用罕见的金属胶板材料与木饰面，金属拉丝面的深色金属胶板与地面大理石相呼应，使国际两舱具有国际时尚风格。

主要功能区划分

国际两舱处于国际候机区内，是旅客候机休息的重要场所，里面设餐厅区、按摩区、影视区、休闲等候区等。

国际两舱

主要材料构成

地面采用 600mm × 600mm 大花白石材；墙面采用金属胶板，木饰面，黑色镜面不锈钢，茶镜；吊顶采用 GRG 造型吊顶。

地面石材施工重难点

天然石材存在板面色泽深浅不一，图案纹理差异大，饰面层空鼓，接缝高低、大小不一致、缺棱掉角，表面反碱等质量通病。在施工过程中克服这些质量通病，是保证施工质量的关键，具体方法如下。

做好深化设计排版，合理分隔尺寸：石材大面铺贴前，首先做到测量放线准确，统一基准线。找平层每隔 1m 做一个灰饼，灰饼高度用经纬仪检查确认后方可进行找平。设置标高网，先整体统一标高线，然后局部设置标高网，全方位、多角度对标高进行检测。使用手持式水平仪进行铺设，确保石材对缝均匀，标高控制准确。使从整体到局部，从局部到个体，均达到对石材整体平整度的要求。

选择优质石材供应商，全程参与石材选材及石材色差控制：在订货前，充分了解石材矿山开采量，确保每类石材均选用同一个采石场同一矿层深度的荒料。选好石材荒料之后，将其铸成大板，给大板拍照，把照片输入电脑，进行排版编号。在排版效果得到确认后，对照照片编号对大板进行编号分割，确保大板色差均匀、纹路顺畅。现场派石材技术人员进驻材料加工厂，监督、协调石材生产情况，对每块石材进行验收，验收合格后贴上合格标签，方可包装出厂。

做好施工过程质量控制，防止出现质量通病：针对“板面色泽深浅不一，图案纹理差异大”的质量通病，在荒料选择时即予以重视，注意石材色泽分布。切割荒料时注意切割方向，尽量保证板块的色泽深浅一致。切割完成后，进行大板排版，将图案纹理流畅、颜色基本一致的大板排列在一起。最后进行石材板块编号，按编号铺贴，达到颜色过渡自然、图案纹理流畅的效果。

针对“饰面层空鼓”的问题，做到在铺贴前使基层与花岗石铺湿润，将板材背面冲刷干净，不得有石粉或其他污物。黏结层水泥砂浆的比例为 1 ：2 ~ 2.5（体积比），水泥应选用 525 号普通硅酸盐水泥，水泥净浆的铺设厚度应接近花岗石饰面层标高，铺贴后用橡皮锤（或木锤垫板）敲实后，以砂浆从缝中挤出为准。

针对“接缝高低、大小不一致”的问题，做到不合格的石材不允许进场，对进场的石材，应进行严格验收；对已经进场的石材若发现板面不平可将其靠墙边铺贴，以免影响整体效果；地面铺贴前应进行挑选，将尺寸差距过大者分开，在另外的房间铺贴，可用间隙的宽度来调整。板材在铺贴前要通过试排查出板块间的缝隙大小，在试排的基础上，弹出互相垂直的十字线，对每块板材按位置进行编号，按先里后外的顺序依次铺贴，边铺贴边注意缝隙的宽度。

针对“缺棱掉角”的问题，做到运输过程中花岗石板材必须两块面对面地用草绳包扎，轻装轻卸，防止碰撞；采取切实措施，做好成品保护，花岗石地面上严禁走重车，不准在上面拖运管材、钢材等物品。

针对“表面反碱”的问题，石板安装前在石材背面和侧面涂专用处理剂，该溶剂将渗入石材堵塞毛细管，使水、$Ca(OH)_2$、盐等其他物质无法侵入，切断了泛碱的途径。若无背涂处理，泛碱不可避免，经背涂处理的石材的黏结性不受影响；在石材板底涂刷树脂胶，再贴化纤丝网格布，形成抗拉防水层，但切不可忘记在侧面做涂刷处理。

天津滨海文化中心图书馆

项目地点

天津市滨海新区中心商务区天碱片区，东至中央大道，南至紫云公园，西至规划旭升路，北至大连东道

工程规模

总建筑面积为 33700m^2，地上面积为 27860m^2，地下面积为 5840m^2，装修面积为 29560m^2，造价约 5350 万元

建设单位

天津市滨海新区文化中心投资管理有限公司

设计单位

荷兰 MVRDV 建筑事务所、天津市城市规划设计研究院、天津市建筑设计院

开竣工时间

2016 年 8 月—2017 年 10 月

获奖情况

2018 年 7 月获天津市“海河杯”，正在报审“鲁班奖”

社会评价及使用效果

书山逐级上升的阶梯与高挑的空间创造出丰富的层次感，带来如同海浪起伏般的景观效果，图书馆照片在网上“曝光”后迅速“爆红”，吸引了来自世界的目光。“科幻感”的设计在网络上迅速走红。不少网友评论道：“这才是人类进步的阶梯。知识的海洋原来是这样的啊。又刷新了对图书馆印象的理论新视野。”国外著名图片网站 Bordpanda 将滨海图书馆誉为“世界上最酷的图书馆”，称内部结构美得令人窒息

天津滨海文化中心图书馆外景

设计特点

滨海图书馆地上 5 层，地下 1 层，设计藏书量 135 万册，设置阅览席位 1500 个，具有国际一流的数字媒体阅检和实体书籍借阅功能，属于公共设施建筑。图书馆包括了延展的教育设施，分布于建筑两侧，可通过中庭到达。地下层拥有办公区、藏书室和一个巨大的档案室。首层为儿童和老人设置了容易到达的阅览区域，来访者可自此轻松到达展示厅、主入口、直达高层的阶梯和通往文化综合体的出入口。第一层至第三层包括阅览室、藏书室和休息区。最上面两层则包括会议室、办公室、计算机房、视听资料室和两个屋顶露台。

滨海图书馆设计取意“滨海之眼”“书山”，其中“书山”不仅联系各个功能区块，满足了读者的阅览需求，同时创造了一个承载多种活动类型的均质化公共空间。读者除了读书，也可以进行交流、休憩、观览等一系列活动。

采用堆叠及切割式设计（书山造型）、模数化设计（书山踏步高度、外幕墙铝方通和室内墙面凹槽间距、顶棚穿孔石膏板宽度等均采用 480mm 模数）。“书山”体现出“书山有路勤为径”，随着球的体积逐渐变化，显现出梯田的形态。由于顶棚板的高度同样如等高线般变化，因此空间体验会更富有三维感——山坡的等高线决定了书架的位置，较平缓的山坡让人们逐级而上，形成东方美学中“登高望远，逐理求索”的意境。馆内的透明玻璃幕墙保证了面向城市公园的全景体验，而背后的球体空间“滨海之眼”宛如一只“眼睛”观察着我们所在的城市，既为图书馆公共空间塑造了具有强烈视觉冲击的空间焦点，同时也表现出天津滨海新区世界级的文化抱负。正像“眼睛”的功能一样，图书馆成为人们探究世界，成为世界认知滨海的新窗口。

建筑体量自场地向内推开，形成一个洞口，再向中心嵌入一个球形报告厅。34 层跌级书山环绕球体排列，形成一个中庭。书山造型既作为阶梯、座椅，同时顶部兼顾顶棚造型，形成连绵的地形景观。曲线书架沿着两面巨大的玻璃立面延伸，将图书馆与中庭两侧的户外公园和室内公共走廊相连接，还作为外墙的遮光百叶阻挡过强的阳光，同时也保证室内整体的明亮和通透。天津滨海图书馆内部就像一个由连续的书架环绕而成的巨大洞穴，将设计要求的球体报告厅滚入建筑内部，然后空间由此展开，将知识和媒介融合起来，在室内打造了一个美丽的公共空间、一个全新的都市客厅。书架阶梯创造了一个随意的阅读座席，也引导公众向上走入高层的阅览室。这些角度和曲线在于激发空间的不同用途，例如阅读、漫步、攀谈、会面等各类活动。所有这一切都构成了建筑之“眼”——看，与被看。

空间介绍

不规则曲面多层跌级“书山”区域

不规则曲面多层跌级“书山”由 34 个弧形波浪形跌级组成，且为不规则曲面，每一弧形都相同。中庭为图书馆重点区域，位于整体建筑中心位置，主要由书山和发光球体组成。“书山”则呈现出了一个流动的曲线空间，可以供读者休息、阅览、交流、活动等。图书馆的整体设计，没有采用传统的书架与阅读区分离式布置，而是通过一级级可供行走的书山，给人们带来强大的视觉冲击力，同时书山也是连接两侧阅览室的交通枢纽。

主要材料构成

书山地面踏步采用 20mm 人造石英石，大堂地面采用 25mm 白麻石材；书山墙面采用 14mm 人造石英石和书纹转印铝板；顶棚采用石膏板和书纹转印铝板；球表采用 3mm 厚球形双曲梯形满穿孔异形铝板和 LED 发光灯珠系统，约 40 万个 LED 灯珠。

书山全景

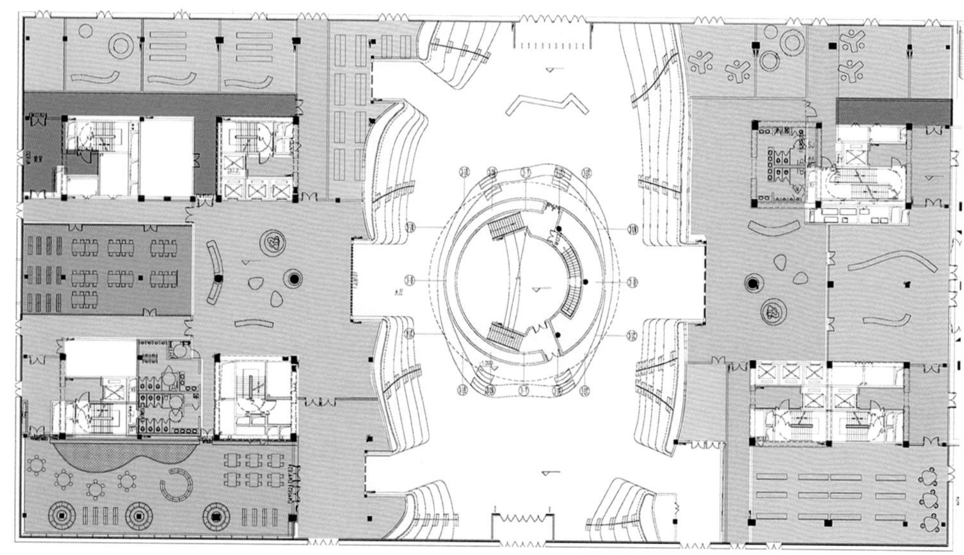

一层平面图

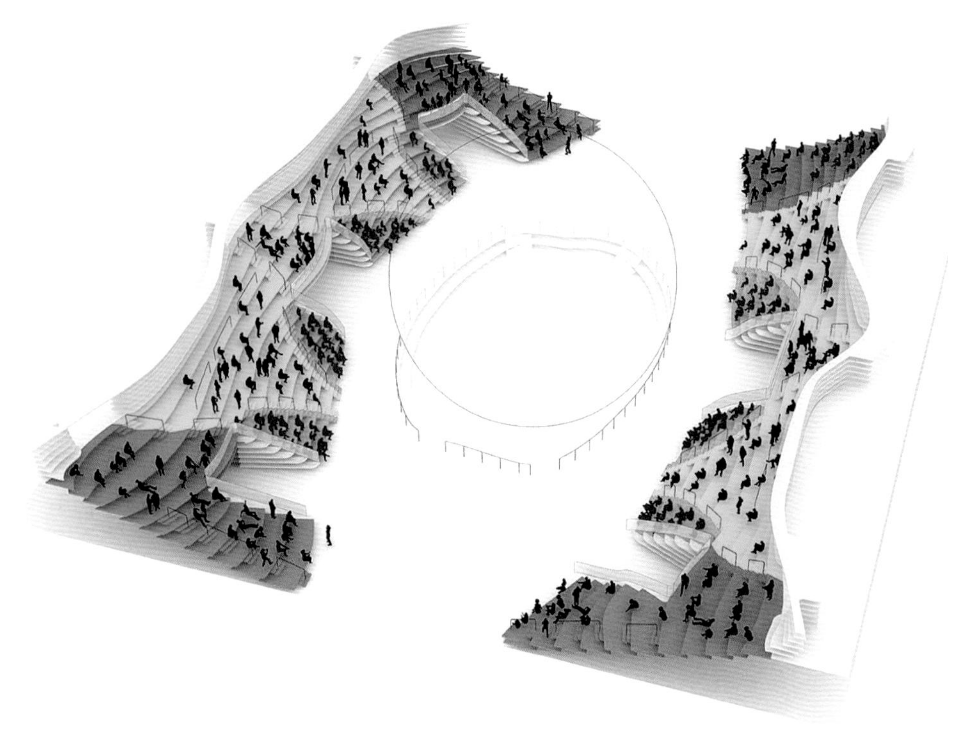

中庭地面功能示意图

技术难点及技术创新点概述

特点、难点技术分析：天津滨海文化中心的顶棚造型别具一格，采用无数条曲线以及叠级造型，勾勒出美轮美奂的“书山”，是滨海文化中心图书馆最为抢眼、出彩的分项工程。不规则曲面多层叠级“书山”施工是重点。

解决的方法及措施：采用从顶部到底部逐层安装，且每层均为不规则曲线造型，整体放线定位难度高。

吊顶为多层轻钢龙骨石膏板，面层为涂料，墙面与地面为人造石英石，需达到顶棚 、墙面、地面浑然一体的效果，即顶棚、墙面、地面无明显的界线。

由于涉及无数不规则曲线的加工、下单工作，需采用现场实测实量与 BIM 理论模型相结合的方式进行材料下单及加工。

各层饰面的侧面采用书纹穿孔铝板，从而营造出一种“书山”氛围，但由于现场曲线纷繁复杂，无规律可循，若采用常规曲面下单方式，除造成大量的现场实测实量工作外，也要给大量的铝板编号，将给现场施工带来极大不便，因此本工程采用书纹穿孔铝板作为面层材料，进而规避了定尺加工给项目带来的隐患。

整体采用满堂盘扣式脚手架进行施工，可同时进行顶棚及墙面施工，并成为测量放线的基准平台，方便、快捷。

整个场馆跨度大，且顶棚为石膏板基层，由于曲线造型不同、尺寸不同，各层石膏板伸缩率也不同，进而导致顶棚石膏板四处开裂，因此需在特定位置设置伸缩缝，从而保证顶棚施工质量。

施工图纸设计

首层书山大堂采用白麻石材地面，与书山部位的地面及立面颜色形成统一。图书馆中庭被设计成“书山”造型，一层层白色的阶梯呈波浪状铺开，阶梯之上架有同样波浪状的书纹铝板，书山寓意书山有路。人们在书山台阶上可以读书休憩，享受休闲时光。为保证玻璃栏板的安全，楼梯栏杆采用金属栏杆氟碳喷涂。

“书山”施工工艺

满堂脚手架搭设需设置安全通道，安全通道宽 1.8m，高 2m，在满堂架左右各设置一个。在入口处用插盘架搭设，并设置过梁，过梁下面可以作为安全通道，过梁的跨距为 5.49m。

根据工程特点并为满足现场施工需要，平台上方满铺脚手板，脚手板上满铺竹胶板，用钢钉与脚手板固定。

待吊顶转换层上半段焊装完成后，需根据造型位置，将下 8 个叠级区域脚手架下落至 9m 高，共降 4.3m。完成后给下一层及上一层增设临边护栏，拉设安全网，增加剪刀撑。加固完成后，书山区 13 级吊顶可同时施工，大大缩短工期。

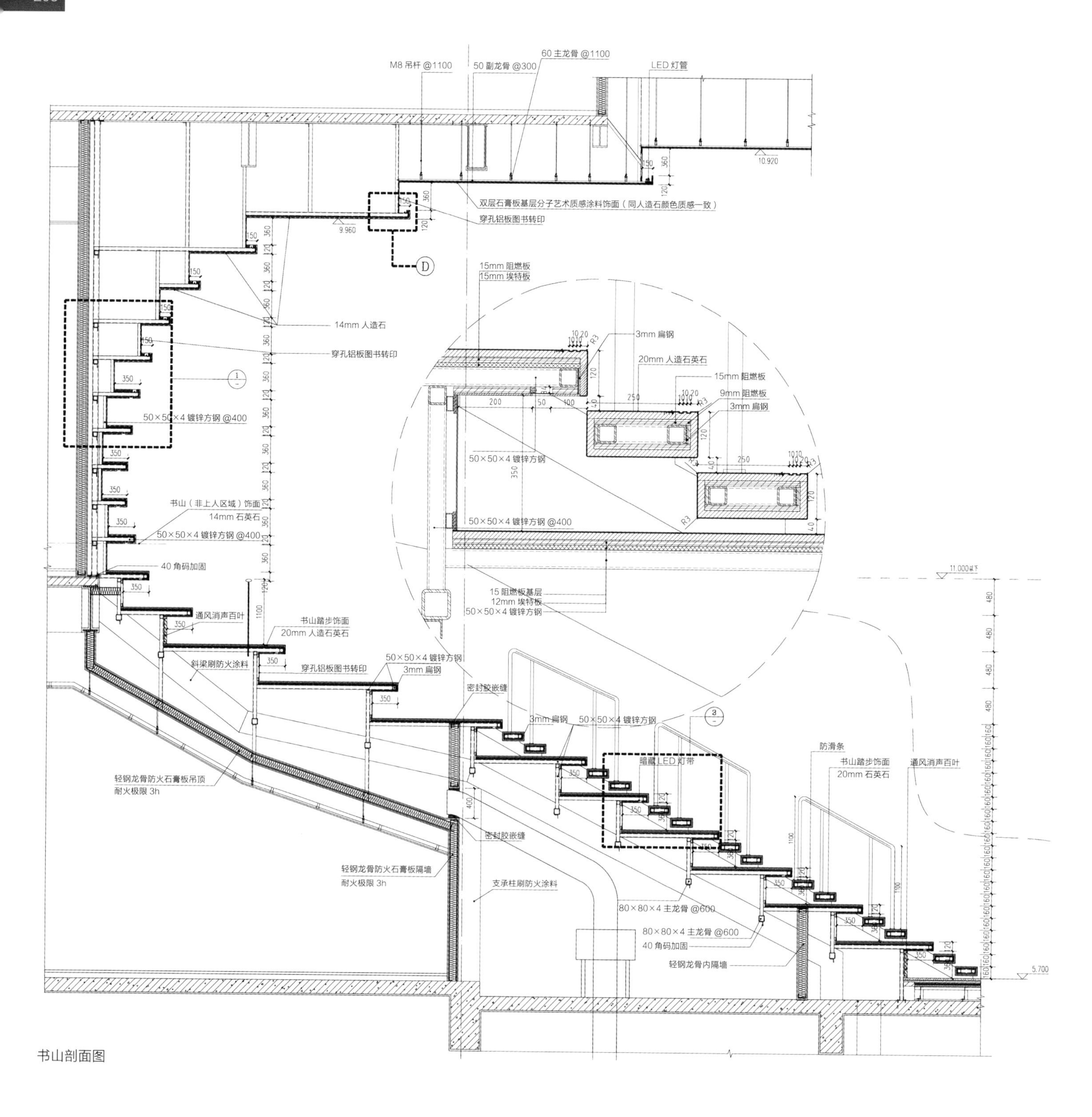

书山剖面图

测量放线 项目开工进场后，根据书面及现场接收总包移交的平面控制线及标高控制线，及时组织复测，将测量复核结果形成验线报告反馈至总包及监理等单位。

根据总包单位移交的标高线，核对图纸，协商确定出装饰 1m 水平线，现场进行放样，并在四周的墙、柱上弹出水平控制线。其允许误差应符合每 3m 两端高差小于 ±1mm，同一条水平线的标高允许误差为 ±3mm。

首先根据控制轴线在满堂脚手木板上放 500mm×500mm 放样定位网，然后根据放样图定位每个弧度控制线，然后将此弧度标高标注在弧度上。

根据书山大样图，结合控制轴线及标高线，采用 500mm 控制框，将顶棚、墙面及地面每个弧形完成面线放在地面上，按此线进行钢架焊接。

材料下单 根据测量放线图，按照人造石英石标准板进行排布，然后根据弧度要求进行编号，根据编号排版。踏步和墙面人造石的接口方式需避免在正面影响效果。下单时，将各层叠级都拆分开来，每一层叠级都单独编号，减少进场后的挑选时间。

基层钢架焊接 主龙骨采用 80mm×80mm×4mm 镀锌方钢横向与结构钢梁连接，连接处下口采用∟40 型镀锌角码增加底托，间距根据书山踏步宽度设置，但最大间距不大于 1500mm。二层墙面书山墙面竖龙骨顶天立地，与结构连接采用 190mm×190mm×9mm 镀锌预埋板焊接，预埋件采用 M12 膨胀螺栓与结构连接；横撑龙骨及竖向龙骨采用 50mm×50mm×4mm 镀锌方钢，间距不大于 600mm，均采用满焊形式与主龙骨连接，焊缝 5mm。

基层板安装 基层板采用 15mm 厚水泥纤维压力板，采用燕尾螺栓与钢结构连接，螺栓间距不大于 150mm；踏步底部采用 12mm 厚水泥纤维压力板，下口灯槽处预留 50mm 宽，不做基层，底部采用白色铝塑板进行封闭；侧面书纹转印冲孔铝板基层从踏步外口往内反 350mm，采用 3mm 扁铁，做长条网格状，安装在基层龙骨上，做防火防腐处理。

面层安装 在安装饰面前，需对基层板平整度进行复查，平整度误差不大于 2mm。根据到场人造石的编号，在安装前进行预拼装，一整层踏步材料预拼装需对收边收口材料接缝进行处理。安装从一边开始安装，采用双组份 AB 胶结合结构玻璃胶进行粘贴，拼缝处预留 1mm 缝隙，粘贴完成后，放置 3 天，待粘贴层完全干透、应力释放后，采用人造石专用胶进行灌注、填满。大踏步完成后，安装小踏步，小踏步生根在大踏步平台上下方钢结构上，两侧生根到侧面钢材上，外露钢材采用氟碳喷涂进行饰面装饰。

“书山”吊顶安装工艺

脚手架满铺板 首先在满堂脚手架上满铺木板，与脚手板固定结实，在木板上满刷白色乳胶漆，方便弹线。

转换层焊装 转换层系统采用∟50 型镀锌角钢进行焊装，横纵向间距不大于 2200mm，底部水平钢架间距不大于 1200mm，采用双 ϕ10 膨胀螺栓与结构进行固定，竖向转换层高度超过 1500mm，增设横向支撑，增加斜支撑，保证转换层稳定性，遇到检修马道、竖向转换层间距过大时，需加密。吊顶共计 13 层级，因高度原因，将上面 5 层级转换层焊接完成后需将满堂脚手架下落 4m，施工下面 8 层级，缩短施工工期。

安装吊杆 根据施工图纸要求和施工现场情况确定吊杆的长度和位置，吊杆采用 ϕ8 钢筋。吊杆安装在转化层横向龙骨上，采用双螺母固定。吊点间距 900mm 以内，下端与吊件连接，以便于调节吊顶标高和起拱，安装完毕的吊杆端头外露长度不小于 10mm。当吊杆与设备相遇时，应调整吊点构造或增设角钢过桥，以保证吊顶质量。

主龙骨安装 采用C60主龙骨，吊顶主龙骨间距为1000mm以内。安装主龙骨时，将主龙骨吊挂件连接在主龙骨上，拧紧螺母，要求主龙骨端部在300mm以内，超过300mm的需增设吊点，接头和吊杆方向也要错开。根据现场吊顶造型的尺寸，严格控制每根主龙骨的标高，随时拉线检查龙骨的平整度。中间部分应起拱，金属龙骨起拱高度不小于房间短向跨度的1/200，主龙骨安装后及时校正其位置和标高。

加强材料 吊杆距主龙骨端部距离不得大于300mm，当大于300mm时，应增加吊杆。当吊杆长度大于1.5m时，应设置反支撑。当吊杆与设备相遇时，应调整并增添吊杆。

副龙骨安装 副龙骨采用与其相应的吊挂件固定在主龙骨上，50型副龙骨采用吊挂件挂在主龙骨上，龙骨间距为300mm，同时在设备四周必须加设次龙骨。

安装横撑龙骨 在两块石膏板接缝的位置安装横撑龙骨，间距1200mm。横撑龙骨垂直于次龙骨方向，采用水平连接件与次龙骨固定。

全面校正主、次龙骨的位置及其水平度，连接件错开安装，通长次龙骨连接处的对接错位偏差不超过2mm，校正后将龙骨的所有吊挂件、连接件拧紧。

灯槽采用12mm厚阻燃板制作，阻燃板根据放线弧度进行裁切后固定在副龙骨端头，成品弧度朝外侧，然后裁切120mm高阻燃板，采用气钉固定，间隔1000mm增设三角固定点。

伸缩缝设置 根据伸缩缝设置原理，吊顶单边距离超过12m应设置伸缩缝，经设计认可根据每个层级的特性，随着造型弧度周线增设伸缩缝，伸缩缝双面石膏板进行错位企口安装，表面预留10mm×10mm凹槽，内部主副龙骨全部断开，灯槽处也要根据凹槽部位设置，阻燃板与石膏板断开错搭，根据伸缩缝位置要求断开钢架转换层，并加固两侧，增设斜拉支撑，间距不大于2000mm。槽内涂刷同颜色饰面涂料。

书纹穿孔铝板安装 在安装饰面前，需对基层板平整度进行复查，平整度误差不大于2mm；根据到场书纹转印铝板的编号，在安装前进行书纹预拼装，保证一个层级的书纹铝板书脊大小美观。从一边开始安装，采用玻璃胶进行粘贴，粘贴完成后，用重物进行固定，放置3天，待粘贴层完全干透。

为了避免面层磨损和浮灰，在每施工完一层铝板之后，用塑料薄膜覆盖遮挡，待大区域施工完毕后整体拆除，再用风机清理灰尘等。

书山施工现场实景

书山（一）

书山（二）

书山（三）

书山（四）

书山（五）

书山（六）

面层结晶处理 修补破损并给中缝补胶（无缝处理），用电动工具重新切割原有破损的表面及人造石安装的中缝，使缝隙的宽度差降至最低。采用专用人造石专用胶进行修补，并使其尽量接近人造石颜色。

剪口位打磨 采用专用剪口研磨片对剪口位进行重点打磨，使其接近石材水平面。

研磨抛光 采用水磨片由粗到细进行研磨，使地面光滑平整、人造石晶粒清晰。

防护 利用专用的人造石养护剂，使其充分渗透到人造石内部并形成保护层（阻水层），从而达到防水、防污、防腐并提高人造石抗风化能力的目的。

结晶处理 采用有针对性的结晶粉或结晶药剂，在专用设备研磨人造石产生的高温作用下，通过物理和化学综合反应，在人造石表面结晶排列，形成一层清澈、致密、坚硬的保护层，起到为石材表面加光、加硬的作用，为今后的保养打好基础。

巨型球幕“滨海之眼”

由双曲面弧形铝板和 LED 灯珠发光系统构成。

主要功能区划分

“滨海之眼”是滨海图书馆的一个主题，位于建筑中庭，直径为 21m 的球体表皮布满发光设备，其内部是可以容纳 100 多人的多功能厅。厅内采用可伸缩座椅设计，未来也将成为滨海新区文化活动的中心枢纽。而大球外部则建成了一个穹幕影院，40 万个 LED 灯珠镶嵌在全穿孔铝板上，可以播放电影、动画、视频等。

主要材料构成

巨型球幕外表皮：表面采用 3mm 厚球形双曲梯形满穿孔异形铝板和 LED 发光灯珠系统，约有 40 万个 LED 灯珠。

巨型球幕（一）

巨型球幕内部：地面采用水泥基自流平，墙面采用软包和穿孔铝板，顶棚部分由铝单板与穿孔铝板相结合。

技术难点及技术创新点

特点、难点技术分析：该部位造型新颖，异型加工较多，故如何保证该部位的材料加工、安装质量是重点。装饰区域为图书馆书山共享区域球形报告厅外饰面，LED与双曲梯形铝板装饰面积为 1007m^2，部分施工区域高度达到了 18m，原设计为分别安装固定灯光与铝板，给材料的吊运安装及后续调整造成了极大不便。

解决的方法及措施：采用 LED 集成铝板安装方案。

采用全站仪、水平仪、经纬仪，利用永久标志的定位点来控制节点的三维空间坐标，从球顶部到底部逐层安装，每安装一层对整体进行放线复合。

现场实测铝板饰面尺寸，与 BIM 理论模型相结合，采用 BIM 软件下单。

LED 集成铝板既可拼图又可做曲面变化，铝板在工厂加工完成，LED 灯珠有规律地安装在铝板上面。

LED集成铝板半装配化施工，施工速度快，精度高，施工工艺先进，可操作性强，工序衔接紧密，工效高。

施工图纸设计

“滨海之眼”位于滨海文化中心滨海图书馆中庭之内。球体表面背衬 LED 灯，可实现静态、动态画面表现。内部是一个直径长达 21m 的球形多功能厅。多功能厅内部既可观看影音资料，亦可举办各类学术论坛。球体内部设计充分考虑声学吸声，墙面软包、穿孔铝板、顶棚穿孔铝板都使球体内部达到理想的吸声效果。

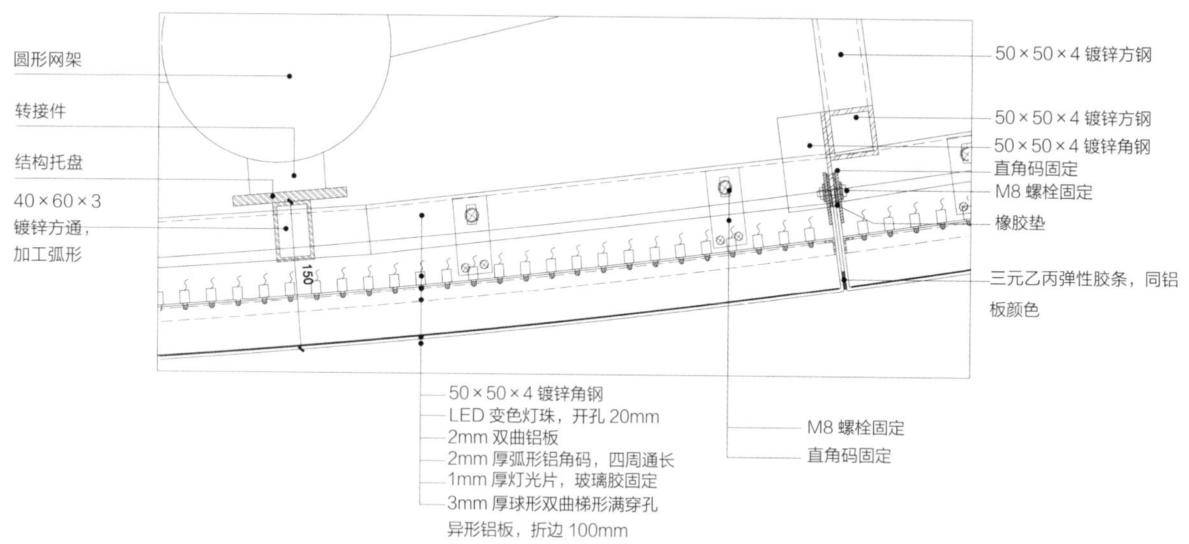

发光球体节点图（一）

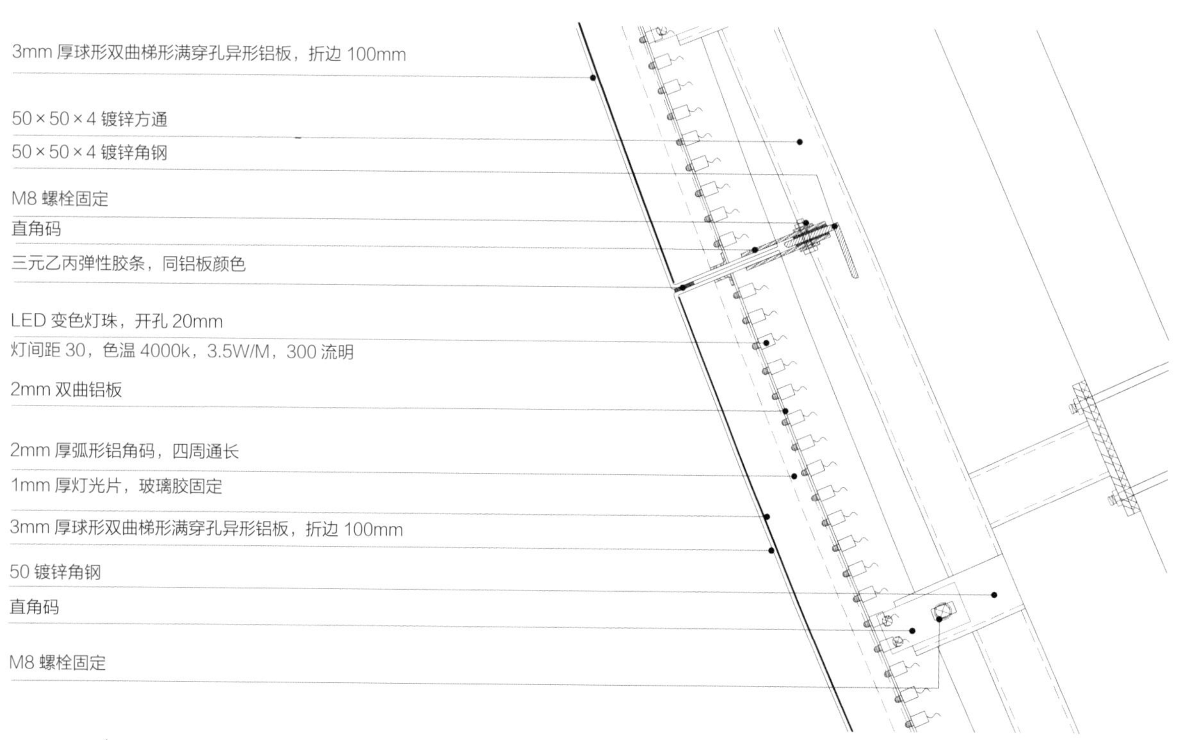

发光球体节点图（二）

圆弧形LED集成铝板施工工艺

脚手架搭设 为了满足现场施工需要，在球体周围搭设门式脚手架，采用钢管连接脚手架与球形网架结构球节点，每5m设一个连接点，每层门式脚手架铺设木跳板，木跳板采用铁丝绑扎稳固，脚手架外侧满挂绿色密目网，水平安全网每两层门形架设一道，最上层搭设1200mm高临边护栏。上人爬梯采用专用门形架爬梯，直通到最高层，铝板吊装口采用8号工字钢与球幕网架结构连接，吊钩捆绑在8号工字钢上，在采光顶上设吊绳，固定在检修马道上，施工人员在上到脚手架以上球幕网架结构上安装龙骨及铝板时，必须将安全带与吊绳连接。

测量放线 使用全站仪、经纬仪及水平仪等仪器对施工区域的平面控制线、球体分割线、标高控制线等进行放线，实测时要当场做好原始记录，测后做好记号，并做好保护，将测量复核结果形成验线报告反馈至总包及监理等单位。

首先严格审核原始依据，包括各类设计图纸、现场测量起始点位、数据等的正确性，坚持测量作业与图纸数据步步有校核。根据标高线，协商确定装饰1000mm水平线，现场进行放样，并在四周的墙、柱上弹出水平控制线。其允许误差应符合每3m两端高差小于±1mm，同一条水平线的标高允许误差为±3mm。

一切定位放线工作要自检，并逐步核实图纸尺寸数据，发现误差及时调整修正施工图纸。放线结束后及时复查，达到要求后方可施工。

以复核过的基准点或基准线为依据，做出基层钢架施工所需的辅助测量线。主体结构为球形网架结构，结构在每个球节点处给装饰预留法兰，采用全站仪对各个球节点坐标进行复核，误差较大的进行标注，焊接龙骨时进行着重处理。竖向主龙骨焊接完成后，进行复核，确定球顶圆心坐标，然后标注每块铝板位置的坐标，确保每块铝板安装受控。

材料下单 此球幕冲孔双曲梯形铝板，运用BIM模型配合实际测量反尺进行材料下单。冲孔形式为，冲孔直径10mm，孔边间距15mm；颜色为室外白，反光度25%；四边折边90mm，从面层返50mm处内侧安装25mm×15mm铝角，采用沉头铆钉形式固定，为背板固定LED灯珠所用；横向共分为17排，顶部为一块圆形曲面铝板，下一排为 23 块，其余 15 排每排均为 46 块，每排的规格尺寸一致，目前每排少加工一块。因球形铝板各圈避免不了有安装误差及加工误差，到收口时与图纸不可避免有一定误差。阴影区域暂缓加工，等各排铝板安装完成后根据现场尺寸进行加工。

背板冲孔形式为，冲孔直径 20mm，孔边间距 30mm；每块面板附带背板分两块加工，两块背板接缝处折边 20mm，其他边不折边，不喷颜色。

基层钢架焊接

竖向主龙骨采用 40mm×60mm×4mm 镀锌方钢，方钢内侧拉弧半径为 10400mm，焊接在球形网架结构球节点预留法兰上，间距根据预留法兰而定。

横龙骨采用 50mm×50mm×5mm 镀锌角钢，角钢设置在铝板横向接缝处，角钢根据铝板弧度拉弧，角钢外口与 40mm×60mm×4mm 镀锌方钢外口保持一平。接口处采用满焊形式。

LED 集成铝板制作

铝板到场后首先需安装 1.5mm 匀光板。因铝板为曲面，匀光板需进行裁切，采用透明结构胶结合免钉胶与铝板黏接安装，保证从正面内孔看不到匀光板接缝。

背板安装 LED 灯珠，LED 灯珠与背板定制加工，通过卡扣式连接方法使 LED 灯珠固定在铝板背板上。

最后把背板与面板固定，安装胶条，因设计要求板缝设不大于 3mm 工艺缝，缝内填密封材料，避免漏光，采用浅灰色 3mm 海绵胶条粘贴在铝板折边板上，从铝板面进 15mm 进行粘贴，胶条需保证接缝严密，粘接牢固，完成集成安装。

LED 集成铝板安装与调试

铝板需自上而下按照每排安装，每安装一块，必须参照 BIM 建模整体模型精确定位，然后采用全站仪全程跟踪安装、测量，及时发现误差并进行调校；每块板与副龙骨连接采用定制铝制挂件，铝板之间采用六角燕尾螺栓进行连接；横向一排安装完成后，进行下一层；铝板安装依次类推，面板调平是整个球体施工最后一道关键工序，它的施工质量决定了整个球体的效果，需要挑选技术水平比较高的班组工作人员认真仔细地进行板材的调平工作，直至达到验收要求。收口板每做完一层，现场制作 1 ： 1 磨具，进行定型加工；铝板之间的弧面需保证一致。

施工中常见问题

钢结构焊装过程中的变形问题：焊装过程中的变形主要集中于满焊后应力收缩，所以采取随装随满焊，在焊装下一个钢构件

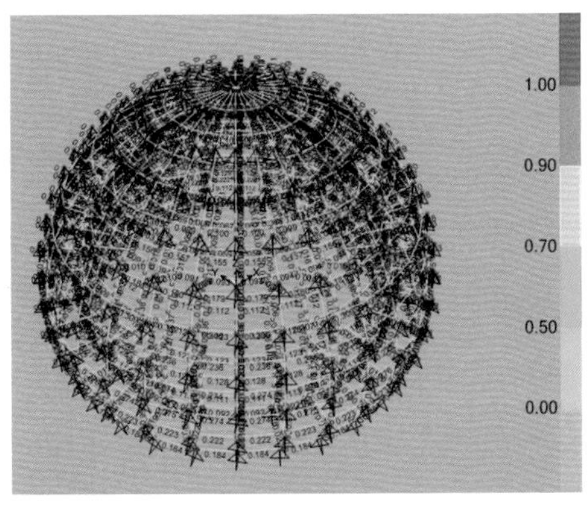

龙骨计算模型

LED 集成铝板制作

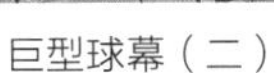

巨型球幕（二）

巨型球幕（三）

时已校正了焊接所产生的变形，这样可大大减小钢材遇热所产生的变形。

钢结构变形引起的饰面变形问题：铝板密拼改为铝板接缝处留不大于 3mm 施工缝内填海绵条，安装过程中逐步增加载荷，每装一层将消化掉一部分变形，以保证最终缝隙的一致性。

加工误差、安装误差如何保证板缝问题：采用 BIM 建模，根据模型排版定位，全站仪定位安装，安装每块板均需全站仪复核，每排板留一块收口板暂不加工，等一圈板子安装完成后按现场尺寸定型加工，可将加工误差、安装误差所累积的误差消化掉。

灯具与表面铝板距离影响成像问题：折边将原设计 40mm 要求改为 90mm，距外表皮铝板 50mm 折边处增加 15mm × 15mm 铝角，控制铝背板与饰面铝板间距为 50mm，误差 ± 5mm，每块后背板均分为两块铝板，接缝处折边，铆钉连接，增强背板强度，最终保证成像效果。

灯具检修问题：将所有 LED 全彩灯珠全部集成在背板上，按设计要求开工扣槽安装灯珠，每块背板均采用自攻螺钉与 15mm × 15mm 铝角连接，每个背板后面线束及电气设备尽量全部集成在背板上，方便检修。

图书在版编目（CIP）数据

中华人民共和国成立70周年建筑装饰行业献礼．中建深装装饰精品 / 中国建筑装饰协会组织编写；中建深圳装饰有限公司编著．—北京：中国建筑工业出版社，2021.3
ISBN 978-7-112-24411-9

Ⅰ.①中… Ⅱ.①中…②中… Ⅲ.①建筑装饰—建筑设计—深圳—图集 Ⅳ.①TU238-64

中国版本图书馆CIP数据核字（2019）第245852号

责任编辑：王延兵　郑淮兵　王晓迪
书籍设计：付金红　李永晶
责任校对：赵　菲

中华人民共和国成立70周年建筑装饰行业献礼
中建深装装饰精品
中国建筑装饰协会　组织编写
中建深圳装饰有限公司　编著
*
中国建筑工业出版社出版、发行（北京海淀三里河路9号）
各地新华书店、建筑书店经销
北京方舟正佳图文设计有限公司制版
北京雅昌艺术印刷有限公司印刷
*
开本：965毫米×1270毫米　1/16　印张：13½　字数：333千字
2021年3月第一版　2021年3月第一次印刷
定价：**200.00**元
ISBN 978-7-112-24411-9
（33603）